U0299489

城市互通立交方案及其布置要领

粟志海　等　著

人民交通出版社

北京

内 容 提 要

本书提出了当量层概念,对城市互通立交方案及其布置进行了系统论述,给出了各种方案的概念布置图。全书共五章,内容包括绪论、三岔交叉、四岔交叉、多岔交叉、其他连接。

本书可供公路和城市道路专业科研人员参考。

图书在版编目(CIP)数据

城市互通立交方案及其布置要领 / 栗志海等著. —
北京 : 人民交通出版社股份有限公司, 2024.6
ISBN 978-7-114-19470-2

Ⅰ.①城… Ⅱ.①栗… Ⅲ.①城市道路—交通规划—
设计—研究 Ⅳ.①TU984.191

中国国家版本馆 CIP 数据核字(2024)第 068630 号

书　　名：**城市互通立交方案及其布置要领**
著 作 者：栗志海　等
责任编辑：师静圆　卢晓红
责任校对：孙国靖　宋佳时
责任印制：刘高彤
出版发行：人民交通出版社
地　　址：(100011)北京市朝阳区安定门外外馆斜街 3 号
网　　址：http://www.ccpcl.com.cn
销售电话：(010)59757973
总 经 销：人民交通出版社发行部
经　　销：各地新华书店
印　　刷：北京印匠彩色印刷有限公司
开　　本：787 × 1092　1/16
印　　张：14.5
字　　数：278 千
版　　次：2024 年 6 月　第 1 版
印　　次：2024 年 6 月　第 1 次印刷
书　　号：ISBN 978-7-114-19470-2
定　　价：138.00 元

前言

IIIIIIIIIIIIIIIIIIIIIIIIIIIIIIIIIIIIIIIIIIIIIIIIIIIII

公路互通立交,交叉道路的交通组成单一,一般只考虑主线机动车,常见的立交方案有喇叭形、Y形、菱形、苜蓿叶形、涡轮形、直连式等。城市互通立交,交叉道路的交通组成复杂,既有主路机动车,又有辅路机动车,还要考虑非机动车和行人。一个交叉点,这三种交通一般都有转弯需求,其各自转弯连接形式不尽相同,因此,城市互通立交总体方案复杂,且难以像公路互通立交那样直接按平面构形分类。

本书以主路机动车+辅路机动车+非机动车和行人这种典型的道路交通组成为对象,创新性地提出"当量层"概念,并以此为引领,将三岔和四岔交叉的城市立交总体方案划分为五类,即当量1层、当量2层、当量3层、当量4层、当量5层方案。全书系统阐述了三岔交叉、四岔交叉、多岔交叉等城市立交方案的布置思路和要领,给出了概念布置图;简述了主辅混合、复合道路和地下道路连接方案。本书对全面了解城市立交方案分类、分级,对项目立交方案的规划设计,具有直接指导作用。

本书由栗志海主编和执笔,参加编写的人员有王晓东、李东盛、张瑞、董耀群。

本书研编过程中,单位领导和同事给予了大力支持和协助,咨询专家提出了宝贵的指导意见,参考文献所列的标准、著作、论文提供了借鉴和参考,在此一并表示诚挚的感谢。

由于作者水平有限,错误和疏漏在所难免,敬请读者批评指正。

作　者
2023 年 4 月于北京

目录

1 绪论

本书所述的城市立交,以中心城区的城市立交为主,以城区边部的有一定公路属性的互通式立交为辅。内容共分为绪论、三岔交叉、四岔交叉、多岔交叉和其他连接五章。本章为绪论,主要阐述基础性、通用性和总体性内容。为便于理解,建议读者先阅读本章。

1.1 基础说明

1.1.1 岔和形态

几条交叉道路(也称相交道路,后同)相交于一处,以交叉中心为基点,一个方位指向的道路(双向合计)称为一岔,全部总计岔数称为该道路交叉的岔数。岔,也被称为"路"和"肢"。

数条交叉道路相交的几何形态,有丁字形、十字形、*形、*形等。

丁字形交叉有三个方位指向,为三岔交叉;十字形、*形、*形交叉,分别为四岔交叉、五岔交叉、六岔交叉;五岔及以上的,称为多岔。

1.1.2 交叉道路的交通组成

公路互通立交,交叉道路的交通组成单一,一般只考虑机动车,如图 1-1a)所示。城市立交,交叉道路的交通组成复杂,大城市常见的道路横向布置,一种是各方向均为主路机动车 + 辅路机动车 + 非机动车和行人,如图 1-1b)所示;另一种是各方向均为机动车 + 非机动车和行人。为便于叙述,主路机动车简称为"主机",辅路机动车简称为"辅机",非机动车简称为"非机",非机动车和行人简称为"人非";主路与主路之间的连接简称为"主主"连接,辅路与辅路之间的连接简称为"辅辅"连接,人非与人非之间的连接简称为"非非"连接。

关于交叉道路的交通组成,本书以相对复杂的各岔各方向均为主机 + 辅机 + 人非为对象。

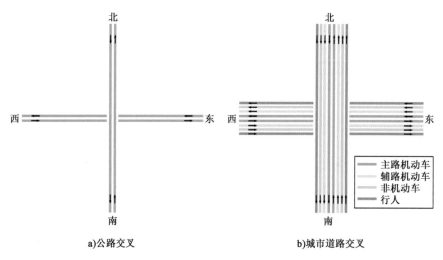

图 1-1　交叉道路交通组成示意图

1.1.3　交通方向连通程度

交通方向连通程度,是指道路交叉的各个流向之间的互通连接程度,有全方向和部分方向之分,也有称完全互通、部分互通(不完全互通)的。

本书基于交叉道路均为主机 + 辅机 + 人非的交通组成,以主路与主路之间、辅路与辅路之间、人非与人非之间各自全方向连接为主要论述内容对于部分方向连接方案,实际应用时可在全方向方案基础上,依具体情况简化。

1.2　互通立交基本形式

互通立交匝道连接方案千差万别,但基本形式并不多,本章列出了几种常见基本形式。

1.2.1　三岔交叉

丁字形(三岔)交叉,常见的立交形式如图 1-2 所示,有单喇叭形、左转匝道迂回形(回头形)、双叶形、T 形、梨形、环形等。

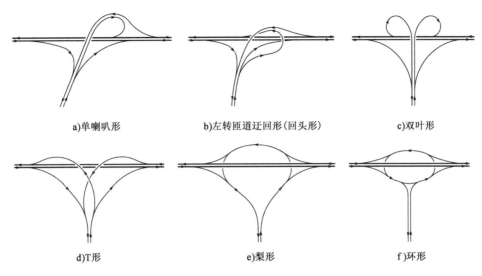

a)单喇叭形   b)左转匝道迂回形(回头形)   c)双叶形

d)T形   e)梨形   f)环形

图1-2 丁字形(三岔)交叉常见的立交形式

1.2.2 四岔交叉

十字形(四岔)交叉,常见的立交形式如下。

如图1-3所示,a)为实体二层菱形,匝道归并到主线桥桥下且完全并拢时,可形成二层普通平面交叉(以下简称平交)形;b)为实体三层环形。

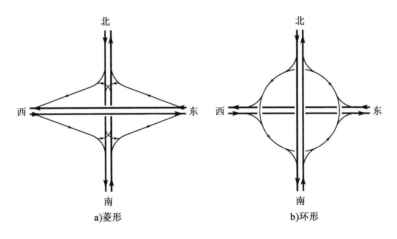

a)菱形   b)环形

图1-3 十字形(四岔)交叉常见的立交形式

图1-4是城市立交常见的全苜蓿叶形。4条左转匝道均采用环形匝道,并肩的两环形匝道流出、流入主线的交通存在交织,当交叉道路为高速公路、干线功能一级公路、城市快速路或者交织交通量大于600pcu/h时,宜在主线一侧设置集散道(与主线之间宜采用硬隔离),图中全互通设置了4条集散道;城市立交,交叉道路车速低或横向空间有限时,集

散道与主线之间也可采用标线软隔离。

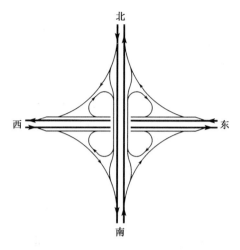

图1-4 全苜蓿叶形(有集散道)

图1-4 中并肩的两环形匝道流出、流入主线的交通,也有采用立体交叉的,如图1-5 所示,需增加4 座匝道桥。

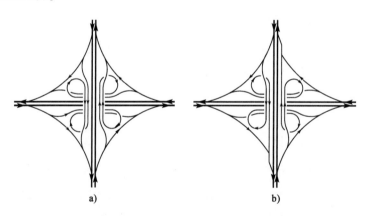

图1-5 全苜蓿叶形(无集散道)

对于全苜蓿叶形,当减少环形匝道数量时,可以形成各种不同的变形形式。如图1-6 所示,有三环式、并肩双环式、对角双环式、单环式,都是8 条匝道全方向连通,统称为变形苜蓿叶形。

当4 条环形匝道均取消,代之以直连或半直连匝道时,互通形式已失去了苜蓿叶形状。如图1-7 所示,有直连式、涡轮形等。

需要说明的是,后续章节所言直连式,并非专指图1-7a),亦非专指四岔,而是泛指左转匝道均采用直连式、内转弯半直连式、外转弯半直连式匝道的情况,也可称为全定向式,这类匝道也可统称为定向匝道。

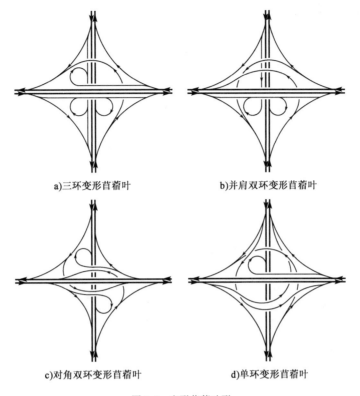

a)三环变形苜蓿叶　　　　b)并肩双环变形苜蓿叶

c)对角双环变形苜蓿叶　　　　d)单环变形苜蓿叶

图1-6　变形苜蓿叶形

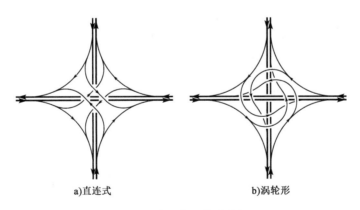

a)直连式　　　　b)涡轮形

图1-7　直连式、涡轮形形式

1.3　当量层

1.3.1　当量层概念的提出

城市立交的交叉道路交通组成复杂,主路机动车、辅路机动车、人非交通在同一交叉点都要实现转弯。机动车转弯有全立交匝道和非全立交匝道两种方式;人非交通转弯部分与机动车路径相同,部分下穿或上跨独立路径。机动车立交匝道转弯中,不同的匝道布置构成了不同的立交平面形式。如此多样的影响因素,导致一个城市道路交叉点的立交总体方案呈现出变化多端、纷繁复杂的状况。

如何对城市立交方案进行科学分类,进而把握好立交方案的布置原则,是本书研究的首要问题。

按照实体层划分,仅给出了立交的竖向几何层数,不能反映出交通转弯方案概貌;而且实体层需针对一个确定的平面参考点,不同点的实体层数往往不同。

按照立交平面形式划分,仅针对一种交通组成是可行的;对于主机、辅机、人非三种交通转向分别构建了不同的转弯平面方案,如此形成的立交总体方案,按平面形式定名和分类是比较困难的。

经过归纳分析和反复思考,针对立交总体方案,本书将城市各类交通转弯分为平交转弯、匝道转弯和独立路径转弯三类,将主机、辅机、人非三种交通转弯融合到一起,首次提出了当量层概念;简明地将当量层划分为 1~5 层(详见后述),建立了转弯方案级别,对应了立交方案轮廓,为城市立交方案分类和布置原则把握奠定了基础。以下具体论述。

1.3.2　机动车当量层

1.3.2.1　机动车转弯连接方式

一座立交交叉道路之间机动车的转弯连接方式,一般有全立交匝道连接和非全立交匝道连接两类。

全立交匝道连接,指一个转弯流向设置 1 条立交匝道,三岔交叉设置 4 条立交匝道,四岔交叉设置 8 条立交匝道。

非全立交匝道连接,情况稍复杂,可分以下三种情况:

1)独立匝道、一端平交连接

独立匝道、一端平交连接,指各转弯流向设置了独立匝道,匝道与一条主线立交连接,匝道另一端与另一条主线采用平面交叉连接,常见的一般互通立交(如菱形、单喇叭形等)就是这种情况。

2)环形匝道连接

环形匝道连接,指主路之间或辅路之间的所有转向交通采用 1 条环形匝道连接,直行交通可另层通过。实体一层,两条主线直行交通均与环形匝道同层交织运行;实体二层,一条主线直行交通立体交叉(独立一层),另一条主线直行交通与环形匝道同层交织运行;实体三层,两条主线直行交通均立体交叉(独立二层),转弯匝道于第三层交织运行。

3)平面交叉连接

平面交叉连接,指主路之间或辅路之间的所有转向交通均以平面交叉连接,直行交通可另层通过。实体一层,两条主线直行交通均与平面交叉同层;实体二层,一条主线直行交通立体交叉(独立一层),另一条主线直行交通与平面交叉同层运行;实体三层,两条主线直行交通均立体交叉(独立二层),转向交通于第三层平交运行。

1.3.2.2 全立交匝道连接的当量层

四岔交叉,经典全苜蓿叶形互通立交方案,8条匝道实现全方向连接。以此经典方案为参考,兼顾与其实体层的关联,给出当量层定义:四岔交叉、两条主线直行交通立体交叉直过、8条立交匝道实现全方向连接的方案,无论实体层数多少,无论平面形式如何,交叉道路转向连接程度相当,均称为当量2层方案。

丁字形三岔交叉同理,4条立交匝道实现全方向连接,无论实体层数多少,无论平面形式如何,均称为当量2层方案。

1.3.2.3 非全立交匝道连接的当量层

非全立交匝道连接,包括独立匝道一端平交连接、环形匝道连接和平面交叉连接。这三种连接方式虽然也能实现交通转向,但与全立交匝道连接相比,转向连接质量上低了一个级别,方案划分当属不同类别。为简明起见,采用独立匝道一端平交、环形匝道、平面交叉实现全方向连接的方案,无论实体层数多少(包括未成实体一层,但以环形通道连通的情况),无论平面形式如何,均称为当量1层方案。

这里所言的环形匝道和平面交叉,是指实体多层情况;交叉整体仅为实体一层的环形交叉和平面交叉,属于平交范畴,不属于互通立交。

1.3.3 人非当量层

互通立交方案布置中的人非交通连接,比机动车简单,常见的有三种情况:一是与机动车共板混行,不额外占据竖向空间;二是与机动车分行,部分借用、共用机动车交叉的竖向空间(含同幅横向硬隔离),部分新设通道形成了人非交通的独立路径,但没有构建一个独立的竖向层间;三是与机动车分行,人非交通独立构建实体一层。

考虑人非交通连接在立交总体中的地位,避免不必要的复杂化,对于互通区人非交通独立构建一层竖向实体空间的,当量层按1层计;其余情况,不计当量层(当量层为0层)。

1.3.4　一个立交的当量层方案

以四岔交叉为例,4条交叉道路8个流向的交通组成均为主机+辅机+人非,主主、辅辅、非非交叉处之间均要实现全方向连接,根据上述当量层定义,这样的一个城市立交方案,当量层方案为1~5层,常见布置组合如下:

当量5层方案:主机8条匝道连接(当量2层),辅机8条匝道连接(当量2层),人非专用一层连接(当量1层)。

当量4层方案:主机8条匝道连接(当量2层),辅机8条匝道连接(当量2层),人非与机动车混行或独立路径(当量0层)。

当量3层方案:主机8条匝道连接(当量2层),辅机平交或环形交叉(当量1层),人非与机动车混行或独立路径(当量0层)。

当量2层方案:机动车8条匝道连接(当量2层),人非与机动车混行或独立路径(当量0层)。

当量1层方案:实体多层,机动车转弯平交连接(当量1层),人非与机动车混行(当量0层)。

四岔交叉中,4条交叉道路8个流向的交通组成均为机动车+人非,即机动车没有主、辅之分,本书未单独系统论述。其当量层方案为1~3层,常见布置组合这里也做如下说明:

当量3层方案:机动车8条匝道连接(当量2层),人非专用一层连接(当量1层)。

当量2层方案:机动车8条匝道连接(当量2层),人非与机动车混行或独立路径(当量0层)。

当量1层方案:实体多层,机动车平交连接(当量1层),人非与机动车混行(当量0层)。

1.3.5　当量层小结

(1)当量层概念主要用于立交方案分类,一般针对三岔交叉和四岔交叉。简而言之:

机动车当量层,采用全立交匝道全方向连接(三岔4条匝道、四岔8条匝道)为当量2层;采用平交或环形交叉全方向连接的为当量1层。人非当量层,设置实体一层专供人非通行的,为当量1层,其他情况不计当量层(当量层为0层)。主辅合并、机非混行的,当量层取高层计列,不合并计列。

（2）当量层与实体层，两者概念不同，但有一定关联。

实体层，是一个确定的数值量，需针对一个确定的平面参考点，互通区匝道之间相互交叠，不同点位的实体层数往往不同。

当量层是一个表述转弯连接方案类别的概念，虽然也用数值表示（为了方便和形象及与实体层建立一定关联），但一般不看作一个纯粹的数值量。

（3）按本书的交叉道路交通组成，三岔或四岔交叉的立交当量层方案为 1~5 层。

（4）为区别实体层与当量层，后续行文中，实体层多以"一、二、三、四、五层"表示，当量层多以"1、2、3、4、5 层"表示。

1.4 城市互通立交方案分类

1.4.1 通常分类

互通立交方案种类繁多，形式多样，通常的分类方式有：

1）按交叉道路的数目划分

按交叉道路的数目划分，一般分为三岔交叉、四岔交叉、多岔交叉。

2）按主线和匝道的竖向空间层次划分

按主线和匝道的实体竖向空间层次划分，可分为二层、三层、四层、五层、六层等。

3）按交通流的交叉方式划分

按交通流相互交叉方式划分，可分为立交型、交织型、平交型。

4）按交通方向的连通程度划分

按交通方向的连通程度划分，可分为完全互通、部分互通（不完全互通、半互通）。

5）按平面形状划分

按平面形状划分，可分为喇叭形、苜蓿叶形、菱形、环形、涡轮形、T 形、梨形等。

6）按交叉道路等级划分

按交叉道路等级划分，可分为枢纽互通和一般互通（也称服务型互通）。

7）按收费制式划分

按收费制式划分，可分为收费互通和不收费互通。

1.4.2 本书分类

本书所述道路交叉的交通组成相对复杂，上述通常的某一侧重点的分类方式，不能完全适用,也难以详细划分。

因此本书从两个层面对城市立交方案进行了分类,后续章节按此编排。

第一层次:岔

交叉道路的岔数,是互通立交方案构建的根本,故将"岔"作为方案分类的第一层次。分为三岔、四岔和多岔,多岔指五岔及以上。

第二层次:当量层

本书所述交叉道路的交通组成,统一假定为主机 + 辅机 + 人非,在交叉点需实现主主之间、辅辅之间、非非之间各自全方向连接,对于三岔或四岔的立交方案,共分为五类,即当量 1 层、当量 2 层、当量 3 层、当量 4 层、当量 5 层方案。

1.5 城市互通立交方案布置的差异要素

与公路互通立交相比,城市立交方案布置的影响因素更加复杂,如增加了辅路和人非交通,机动车连接也有不同,这些都与立交总体方案相关,需要先行和统筹考虑,本节择其要点加以论述。

1.5.1 主辅合并转弯

对于主机 + 辅机 + 人非交通组成的四岔交叉,总共只能设置 8 条匝道的情况下,要实现主主之间和辅辅之间均全方向连接,只能主辅合并转弯。主辅合并转弯,由合并匝道 + 两端的主辅出入口联合实现。

常见的主辅出入口几何布置如图 1-8 所示,一般主路侧需设置变速车道,辅路侧有条件设置时则设置(图中两侧均设置);变速车道多采用平行式,可以占用硬路肩、侧分带甚至辅路行车道(辅路行车道影响路段,横向适当外移)。

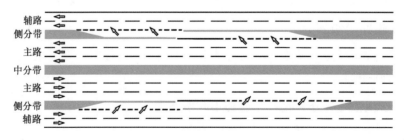

图 1-8　主辅路出入口示意图

主辅合并匝道,有如下三种布置方式。

（1）辅辅匝道式。

辅辅匝道式，是指辅辅之间设置全方向连接匝道，也称辅路立交；主主转弯车辆，通过主辅出入口提前流出到辅路，经辅路匝道转弯后，再经主辅出入口流入主路，如图1-9a)所示。

因直行交通横向布置一般是主内辅外，所以辅辅匝道式几何布置最方便。一是辅路直行交通可傍行主路，无须外绕；二是主路的左转和右转车辆均可直接转到辅路匝道转弯；三是转弯车辆全是由内向外行驶，符合常规的驾驶习惯和心理期望。

辅辅匝道式的缺点是，主主转弯车辆需要横跨辅路直行车流，转向效率相对低。

（2）主主匝道式。

主主匝道式，是指主主之间设置全方向连接匝道，也称主路立交；辅路转弯车辆，通过主辅出入口提前汇入主路，经主路匝道转弯后，再经主辅出入口流出到辅路，如图1-9b)所示。

这种方式，大部分情况是辅辅之间的左转车辆提前汇入主路，经主主匝道转弯，再从左侧汇入辅路；而辅辅之间的右转车辆，先汇入主线转弯后再外出返回辅路，与驾驶习惯和期望不一致，所以一般这时另外增设辅辅之间的右转匝道（图中未示）。

因直行交通横向布置一般是主内辅外，所以主主匝道式，辅路直行路径需要绕拐到主主匝道之外；如省略独立的辅路直行路径，将其一并汇入主路通过互通区，则互通区段主路交通受到干扰较大。主主匝道式的优点是，优先保证了主主之间转弯的快捷、高效。

（3）独立匝道式。

独立匝道式，是指流出端主路转弯和辅路转弯的路径先行集合，然后设置独立的连接匝道；流入端匝道再分两岔，分别流入主路和辅路，如图1-9c)所示。

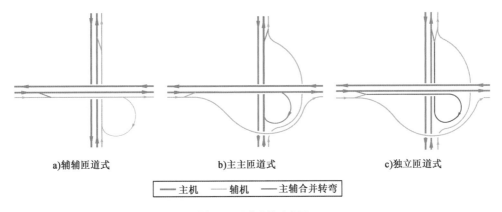

a)辅辅匝道式　　　　　　　b)主主匝道式　　　　　　　c)独立匝道式

—— 主机　　—— 辅机　　—— 主辅合并转弯

图1-9　匝道连接示意图

先行集合位置，如设置在主、辅之间，辅路右转一般还需设置独立的右转匝道。

先行集合位置，如果设置在辅路之外，主路流出匝道需要立交跨越辅路直行；流入端同样需要增加一次立交跨越。这样,匝道连接的布置范围和工程规模相对大。

另外,第一、二种方式的主辅出入口,除了供转弯车辆行驶以外,同时兼具主、辅之间直接联系转换的其他功能。第三种方式不兼具这种功能。

上述三种方式,第一种多见;第二种,主主连接之后,辅辅完全不连接的较少见,往往同时设置辅路地面层连接;第三种,因布置空间大且不兼具主辅出入口其他功能,也较少见。

1.5.2 机动车交通连接

机动车交通连接方式,城市立交与公路互通立交的主要区别有以下三方面。

一是主线直行交通,公路互通立交,主线线形与匝道线形有显著差别,主线平纵横线形,在互通区具有直过、均衡、连续的特点;城市立交,条件紧张时,主线线形可适当降低乃至按匝道布置,条件严苛时,以连通为主要目的,难以顾及直过、均衡、连续。

二是匝道类别,机动车转向交通连接一般有全立交匝道连接、环形匝道连接、平面交叉连接、独立匝道一端平面交叉连接等几种方式。公路互通立交,枢纽互通采用全立交匝道连接,一般互通被交路端可采用平面交叉连接,环形交织匝道很少采用;城市立交,单交织匝道、多交织匝道、环形全交织匝道、混合连接匝道、大流量定向匝道、平面交叉连接等情况均不少见。

三是左侧出入,公路互通立交,匝道几乎全部按主线右侧出入原则布置;城市立交,尤其是设计速度低的交叉道路,不禁止左侧出入。具体如下:

(1)高速公路,匝道与主线分合流连接,应设置在主线的右侧;匝道之间的分合流连接,左、右侧均可。

(2)城市快速路,匝道与主线分合流连接,应设置在主线的右侧;其他等级城市道路,不禁止左侧分合流,但应尽量设置在右侧。

(3)等级越高、速度越快的道路,越应避免在左侧设置出入口;等级和设计速度低的道路,可在左侧设置出入口。

(4)小客车横向移动快速灵活,对左侧出入适应性强;货车、大型车横向移动缓慢笨拙,左侧出入安全性差。

(5)相对地,左入比左出的安全性稍好。

(6)左侧出入,主线左右两幅,要么平面分离,要么竖向分离,以便于匝道连接;条件十分紧张时,也有平面左右不分离,竖向直接起桥的做法。

对于上述三方面差异情况,在城市立交方案布置时,总体上与公路互通立交的掌握原则是一致的;但条件紧张时,局部或个别流向上,可以特殊考虑。

1.5.3　平交方案

城市立交总体方案中,某一层有时需要采用平交方案。平交方案,主要有普通十字形、普通丁字形和环形交叉,从我国实际交通运行状况看,一般宜首选普通平交方案(详见后续章节中的当量1层方案的相关论述),不宜轻易选用环形交叉方案;当平交层无直行交通或总交通量较小时,或因布置条件限制,才可考虑环形交叉方案。

1.5.4　机非混行与机非分行

互通立交区的机非混行,本书是指转弯区机动车与人非交通共板通行的情况;转弯区机非共板,虽有分道划线和信号控制,但转弯通行时,机、非之间依然会相互干扰;为便于立交方案分类论述,将这种转弯区机非共板通行情况,列为机非混行。互通立交区的机非分行,本书是指转弯区人非交通路径与机动车路径在空间上完全分离,互不干扰。

机非混行的普通平面交叉口,机非交通冲突情况易于理解;苜蓿叶形和环形交叉的机、非交通冲突情况,说明如下。

如图1-10所示,为全苜蓿叶形的一个象限图示,辅路机动车转弯交通与非机动车直行交通存在4个平交冲突点,与行人直行交通也存在4个平交冲突点;全苜蓿叶形布置方案存在 $4 \times (4+4) = 32$ 个平交冲突点。

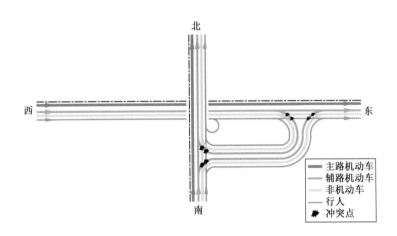

图1-10　全苜蓿叶形立交冲突点示意图

如图1-11所示,为环形交叉的一个象限图示,同理,环形交叉布置方案也存在 $4 \times (4+4) = 32$ 个平交冲突点。

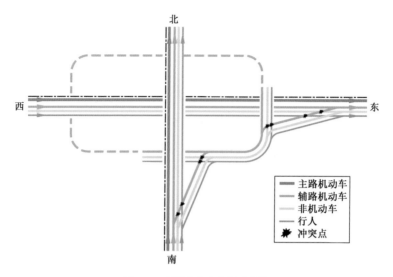

图 1-11　环形立交冲突点示意图

1.5.4.1　人非独立层与独立路径

机非分行,人非路径与机动车路径分离布置;其中人非路径,有独立层和独立路径两种布置方案。

独立层,就是人非交通独立占据实体一层。如图 1-12a)所示,为实体三层的全苜蓿叶形立交,机动车转弯占据第一、三层,人非交通独立布置在交叉中心的第二层。人非独立层大多布置在地面层或纵坡平缓的层间。

独立路径,是指人非路径部分借用机动车交叉的竖向层间,与机动车路径分离(立体交叉或平面横向硬隔离)。如图 1-12b)所示,也是全苜蓿叶形立交,人非路径外围绕行,没有独立占据一层实体空间,但形成了分离的独立路径。

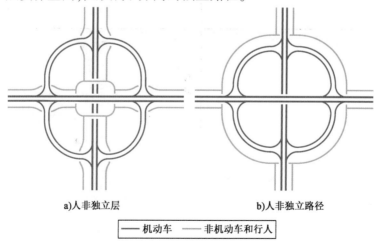

a)人非独立层　　　　　　　　　　　　b)人非独立路径

图 1-12　人非独立层与独立路径

需要说明的两点:一是非机动车和行人的交通路径有一致的,也有分开布置的;本书所述"人非"路径侧重非机动车,对与非机动车分开的独立人行梯道路径未做详细论述。二是非机动车,主要有自行车和电动自行车,两者性能和行驶状况有差别;现行规范以自行车为非机动车的设计车辆,本书后续论述亦以此为基础;电动自行车,虽非规范设计车辆,但现实交通中日益普遍,当其在实际项目中占比较高时,也有将其作为非机动车主要考虑对象的。

人非独立路径的几何布置要点如下:

平面,有外围绕行的,有内围穿行的。线形有直线、小转角曲线、回头曲线,直线和一般弯曲为较好的曲线线形,180°以上的回头曲线为较差的线形。在平纵线形均比较顺适的情况下,即使单侧横向绕拐小于200m也是可以接受的。

纵面,有梯(坡)道推行的,有连续骑行的。连续骑行路径通行效率高,布置条件要求也高;梯(坡)道推行路径通行效率低但节省布置空间。连续骑行,自行车纵坡要求高,大多按2.5%控制,路径构建相对困难;电动自行车连续骑行,纵坡要求低,短距离有按1:12(8.3%)控制的,路径构建相对容易。

平纵组合,连续骑行路径,平面顺直 + 纵坡稍大、纵坡平缓 + 平面回头的组合都是可以接受的;但平面回头 + 大纵坡的组合路径,人力骑行体验差,宜尽量避免。

另外,长距离的地下封闭路径,人非行驶易产生恐惧感,宜尽量避免。

全苜蓿叶形互通立交的人非独立路径布置方案有一定代表性,如图1-13所示(仅示出全苜蓿叶形立交的一半),列出了四种典型方案加以说明。

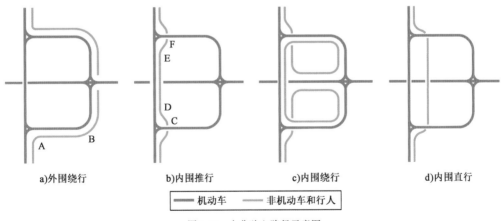

a)外围绕行   b)内围推行   c)内围绕行   d)内围直行

—— 机动车   —— 非机动车和行人

图1-13 人非独立路径示意图

1)外围绕行

如图1-13a)所示,当全苜蓿叶形环形匝道平面范围不是很大,横向绕拐距离(图中AB长度)小于200m时,如果纵坡平缓,绕行方案是可行的。

当全苜蓿叶呈长方形布置,长边方向人非平面绕行距离短,交叉中心纵面配合好的情况下(长边方向主路下穿),该方向绕行路径好,实例较多;短边方向绕拐距离远一些。

2)内围推行

如图1-13b)所示,非机动车道下穿机动车匝道后,为了就近共用交叉中心的机动车桥梁,图中的 CD 段和 EF 段采用陡坡推行方案。

该布置方案通行效率稍低,条件紧张时可以采用。

3)内围绕行

如图1-13c)所示,为了避免下车推行,又想共用交叉中心的机动车桥梁,可在机动车环形匝道内围再布置一条非机动车绕行的环形匝道,该匝道与机动车转弯匝道横向硬分离。

该方案为360°回头曲线与一定纵坡组合,虽无须下车推行,但上坡人力骑行体验不佳,亦非理想的布置方案。

4)内围直行

如图1-13d)所示,为了消除内围推行方案中的陡坡路段,单独设置一座非机动车桥梁(为此须抬高机动车桥梁及两端接线高程),就形成了内围直行的布置方案。

该布置方案虽增加一些机动车连接匝道的工程规模,但非机动车路径较为顺适,是较好的布置方案。应用实例中,受各种因素影响,该种布置方案并不多见。

图1-13b)、c)、d)示例方案,人非路径均位于机动车两直行层中间,位于立交最底层时,线形布置相对容易,实际项目可视具体情况而定。

1.5.4.2 布置原则

我国目前的城市立交,机非混行方案为多,大部分通行状况尚可。有些繁忙交叉点机非混行状况不容乐观,这与建设时期交通量不大、工程投资紧张、对人非交通重视不够等有一定关系。现阶段立交方案,机非混行与机非分行的布置要领如下。

(1)立交方案总体布置,是采用机非混行还是机非分行,机非分行是采用人非独立层还是独立路径,人非独立路径是采用连续骑行路径还是梯(坡)道推行路径,连续骑行路径是以自行车为对象还是以电动自行车为对象,须综合考虑城市区慢行系统规划、立交交通需求和布置条件等因素而定。

(2)当立交总体布置空间有限,地块连接(详见下一节)机非不分,可以采用机非混行方案。当立交地处商业繁华、铁路站点同址等人非交通量大的区段,同时机动车转向交通量也较大时,或者混行条件不良、安全隐患大的情况(如视线条件差、纵坡大等),有条件时,宜选择机非分行方案。

(3)机非混行,地面一层布置节省竖向空间,路径简洁明了,信号控制管理灵活,便于地块连接,大部分交叉点基本适用。实际应用宜采取优化信号配时、渠化通行路径等措施,尽量减轻机非之间的相互干扰。

(4)机非分行,人非独立层、连续骑行独立路径的通行效率高,条件允许时可采用;条件紧张时,一般按梯(坡)道推行独立路径布置,应用实例较多。连续骑行路径,宜以自行车为设计车辆;实际项目电动自行车占比高或条件紧张时,也有将其作为主要考虑对象的。

1.5.5 地块连接

城市立交方案布置,除了考虑主体转向交通以外,还有一个需要统筹考虑的事项,就是地块连接。

城市立交,交叉中心的各象限一般分布各类地块(含建筑物等有交通出行需要的节点);现状没有的,远期可能规划建设。地块的交通出行开口(以下简称地块开口或开口),理想的情况是不在交叉口范围内临路分散设置,而是集中设置在地块内部道路上,内部道路再与次干路或交叉口范围之外的路段连通;交通量大的地块开口尤其如此。这时,立交总体方案布置可以忽略地块连接的影响。

而实际情况往往比较复杂,有的方形地块,内部道路呈井字形与周边道路交叉,硬性封堵任一条均不可行;有的地块外围住户或商铺仅有临路一侧可以进出;有的地块内没有完善的对外连接道路,而市政项目新建地块内连接道路很难实施,只能就近开口连接;繁华商业区的交叉口,一般要求各象限之间联系畅通。这些情况,如果交叉口范围的地块连接,立交设计完全不予考虑,与现实需要矛盾较大,运行期间往往会不规范开通。

因此,城市立交方案总体布置,一般情况须统筹考虑地块连接问题。

1.5.5.1 地块连接的开口设置

地块连接,在立交道路上的开口(这里主要针对机动车)设置要点如下:

(1)主线一般路段,地块开口不宜设置在主路上,可以设置在辅路上、交叉口影响范围之外的路段,开口数量、位置、间距宜合理控制。

(2)匝道转弯路段,当某一流向主、辅路各设1条匝道时,地块开口不应设置在主机匝道上,可设置在辅机匝道上,开口数量、位置、间距宜合理控制;当某一流向仅设置1条机动车匝道时,匝道上不应设置地块开口,可将开口归并到主线一般路段。

（3）当辅路一般路段或辅机匝道的通道交通职能较突出、交通量较大时，也可在其外侧再设置一段辅助连接道路（这里简称 LR），在 LR 上设置地块开口，LR 起终点与辅路（辅机匝道）适当位置连接。

（4）地块开口形式，宜采用右进右出式开口，避免有直行穿过或左转流线的开口。

1.5.5.2　地块连接的交通分析

地块连接的交通性质一般有两类，一类是立交范围以外的出入性质交通，另一类是立交范围内各象限地块之间的区间交通。为理解和论述方便，把出入性质的交通，简称为出入交通，相应的连接简称为出入连接；把区间交通简称为象限交通，相应的连接简称为象限连接。

1.5.5.3　地块连接的布置方案

立交区地块连接的总体布置方案，一般有以下三种。

1）地面层连接

地面层连接，就是将地面一层空间用于地块的出入连接和象限连接；立交主体转向交通（这里主要指辅机转向交通，下同）有另层布置的，也有与地面层合并布置的。

地面一层用于地块连接，空间开阔，交通便利；该层一般设置平面交叉，地块出入交通、象限交通以及立交主体转向交通均可通过平面交叉实现。

地面层连接，一般适用于立交各象限商业地块开口多且立交布置条件宽裕的情况。

2）环形匝道连接

环形匝道连接，就是在立交各象限之间设置一条环形匝道，用于地块的出入连接和象限连接；立交主体转向交通，有与环形匝道合并布置的，也有另外独立布置的。

立交主体布置可全部或部分占用地面层空间；环形匝道不占用完整的一层空间，而是利用主体交叉桥下空间或者设置独立通道，环形匝道形状可不规则但一般闭合成环。

环形匝道连接，交叉口空间不开阔，但可以实现地块出入交通和象限交通需求。适用于立交各象限间需要一般交通联系或立交竖向布置条件紧张的情况。

3）点连接

点连接，就是仅考虑各个地块节点的出入连接，不考虑象限连接；象限连接通过附近区域路网绕行实现，特殊点位也可借助立交主体转向交通路径。

点连接，一般适用于各象限地块开口少或者立交布置条件严重受限的情况，城市立交不宜轻易采用。

1.5.5.4　地块连接与立交方案

地块连接的布置方案,一般不独立于立交主体转向交通的连接布置方案,大多是与其辅路或人非系统的连接方案合并布置,只是需要统筹考虑。

本书对机非分行方案和机非混行方案都进行了论述。

机非分行是以人为本、绿色交通理念的发展方向。一个城市区的慢行(人非)交通系统,是城市建设的一部分,需要总体统筹、系统规划、逐步实施,老城区实施尤为困难。一个立交方案,要按机非分行布置,地块人非开口处理不难;地块机动车开口须设置在或归并到立交区以外(至少是机非分行的分岔点以外),否则机非分行难以实施。对于现阶段立交中心区机非混合的地块开口较多且难以改移归并的情况,立交方案布置采用机非共板混行的多,机非分行方案往往难以布置。

本书的机非分行立交方案示例,如人非独立层或独立路径方案,当具体项目地块机动车连接难以分离时,大部分示例方案不用调整,可在人非路径上增设机动车道,亦即转弯区由机非分行调整为机非混行;这时宜注意控制混行路径上的机动车数量,尽量避免主体转向交通走行此层。

1.6　城市立交方案布置要领

以四岔十字形交叉为例,假设每条交叉道路的交通组成均为主机 + 辅机 + 人非,且主主之间、辅辅之间、非非之间均需实现全方向交叉转弯。互通立交方案的布置要领简述如下。

1.6.1　深入了解建设条件

首先了解拟建立交区的空间条件,包括平面可用土地范围、竖向可用(含地下)高度范围、城市景观规划要求等。可大致划分条件宽裕(不受限)、条件一般(部分受限)、条件紧张(受限严重)三种情况。

其次了解互通立交的交通量,现状和远景的、直行和转向的、主路和辅路的、非机动车和行人的,都要了解。

最后了解综合利用需求,包括立交范围地块连接,轨道、公交、人非交通的联合转换,立交空间的开发利用等。

1.6.2　转向交通方案

了解了交叉点的建设条件之后,首先需要确定的是转向交通布置方案。城市道路不同方向之间的转向交通,有三种解决方案,即出入口、平面交叉、互通式立交。

出入口,转向交通为单层单侧布置,不构建交叉中心,只在交叉道路单侧设置平面单向的出口或入口,其他转向交通通过附近路网联合实现。多用于有景观规划要求或竖向空间限制的城市快速路或主干路。

平面交叉,转向交通为单层多向布置,构建平面交叉中心,一般通过信号控制,实现各方向间的交通转向,解决各方向间的交通冲突。可用于高速公路和城市快速路以外的各等级道路。

互通式立交,转向交通为多层多向布置,构建立体交叉中心,通过实体多层的直行立体交叉和匝道转弯连接,实现各方向交通转弯。

出入口和平面交叉,单层平面布置,对城市空间和景观基本无影响,但交通转向效率相对低,路网压力相对大。互通式立交方案,交通转向效率高,路网压力小;但立交工程体量大、造价高,对城市空间景观有影响。

三种转向交通方案的选定,除了考虑交通需求以外,还须了解和考虑所在城市区域、特别是交叉道路沿线的城市景观空间的现状和规划要求,在可接受的前提下才能采用互通立交方案,否则只能采用出入口或平面交叉方案。

1.6.3　集中与分散

集中与分散,是针对立交方案来说的,有两层含义,一是岔的规划布置,二是方案的宏观布置。

(1)岔的规划布置,是指交叉道路为多岔数时,是将各岔基本集中于一点规划布置,还是分散成两点或多点(每点为三或四岔)规划布置。

在绕行等因素可接受时,宜首选分散布置,尤其是中心城区;城区周边条件紧张时,可采用集中布置。

(2)方案的宏观布置,是指当量层数较高、需要占据的实体层较多的交叉方案,交叉点竖向空间紧张时,主主交叉与辅辅交叉,机动车交叉与人非交叉,是集中于一点布置,还是分散成两点或多点布置。

宜首选集中布置;分散布置占地面积大,中心城区一般难以接受。城区周边条件允许时,可采用分散布置。

1.6.4 立交方案布置

本节所言的立交方案,是指常见的三岔或四岔(以四岔为例)立交的集中式布置方案。

1.6.4.1 前置考虑

前置考虑,是指1.5节所述的一些重要考虑事项,主辅合并转弯、机动车交通连接、平交方案、机非混行与机非分行、地块连接等,这些事项都直接影响立交方案的总体布置,需要前置和统筹考虑。

1.6.4.2 高当量层方案

高当量层方案,一般指当量5层和当量4层方案,主要指主主与辅辅各自设置8条匝道的方案,也可简称8+8方案。

8+8方案,体量大,一般城市中心区的景观规划、红线条件、土地利用等难以适应,目前建设实例少见,不宜轻易采用。

当8个流向中的多数流向,主、辅机动车转向交通量都很大且辅机的通道职能突出的情况下,空间条件和城区景观限制不严,或者是两期叠加工程,经论证可以采用。

对于8+8高当量层方案,竖向实体空间布置要尽量集约,辅机直行和匝道转弯宜尽量借用主主交叉空间,辅机直行可按匝道布置,辅机可考虑左侧出入布置。

1.6.4.3 中当量层方案

中当量层方案,一般指当量3层和当量2层方案。中当量层方案(以当量2层为例),机动车总共设置8条匝道,人非交通或与机动车混行,或独立路径,或独立一层。

中当量层方案,是目前城市快速道路、主干路大型交叉点的多用方案。

当量3层方案,8条匝道,宜首选布置在主主之间(简称主路立交)。主路立交+辅机人非共板一层混行的当量3层方案,为现实应用的主打方案,可以适应大部分情况;当主路转弯车辆转至辅路并可顺畅横跨辅路时,地块连接适应,人非交通量大,辅路立交(辅辅之间设置8条匝道)+人非独立一层的方案,也可以考虑。

当量2层方案,虽有不少现实应用实例,但对于主机+辅机+人非的交通组成情况,总体适应性不强,实际应用须与当量1层和当量3层方案深入比选后确定。

1.6.4.4 低当量层方案

低当量层方案,即当量1层方案,实际应用普遍,可见于各类城市的各种道路交叉点,不少是由平面交叉升级改造(直行高架)而来。该方案交叉道路的交通组成,一般没有主辅之分(或立交区主辅合并)。

当量1层方案,以实体二层混行平面交叉方案为主,二层的高层多为交通量大的直行层;实体三层的转弯平交方案,平面条件十分紧张、转向交通量不大时可以采用;立交中的平面交叉,一般采用普通十字形平交方案,不轻易采用环形交叉方案。人非独立路径的各实体层转弯平交方案,也划属当量1层,连续骑行路径须综合考虑地块连接等影响因素。

当量1层方案是独立匝道被交路平交的一般互通方案,单喇叭形、菱形、部分苜蓿叶形的通行能力上限基本相当,实际通行能力和运行安全取决于平交部分几何布置和信号设置以及两者协同;城区中多采用菱形方案。

1.6.5 其他交通组成考虑

关于交叉道路的交通组成,本书主要针对各岔各方向均为主机+辅机+人非的情况。实际应用还有其他交通组成情况,简要说明如下。

第一类,"机动车+人非"与"机动车+人非"交叉。这种情况,机动车与机动车交叉连接方案,可看作是本书的一种特例情况,等同于各章节中主主不直连、辅辅直连的这一类方案,对应查阅方便。

第二类,"主机+辅机+人非"与"机动车+人非"交叉。对于前者交叉道路的横向布置处理,第一种做法可参考1.5.1节的"主辅合并转弯"。第二种做法是立交区主机和辅机合并为一块板,然后采用第一类连接方案。第三种做法是混合连接,即一条匝道连接后者的一端为单头连接(机动车);连接前者的一端为双头连接(主机和辅机),一般须增加主辅分开和匝道立交连接工程。

第三类,其他不对称的交通组成。交叉道路的交通组成,实际应用中还有一岔双向、一岔单向、一条单向的交通组成,机动车没有主辅之分或没有人非交通的,都属于本书论述方案的特例,实际应用可依具体情况简化。

1.7 适应交通量概值

互通立交方案布置时,需要参考交通量,表1-1给出了各种连接方式的设计通行能力(适应交通量)概值。

适应交通量概值表 表 1-1

类别	事项	单位	概值
主线基本路段	城市快速路,主线1条车道的设计通行能力	pcu/h	1750
	其他等级城市道路,主线1条车道的设计通行能力	pcu/h	1350
	高速公路,主线1条车道的设计通行能力	pcu/h	1650
	双车道二级公路,主线1条车道的设计通行能力	pcu/h	725
匝道	直连式、内转弯半直连式单车道匝道,基本路段的设计通行能力	pcu/h	1500
	外转弯半直连式单车道匝道,基本路段的设计通行能力	pcu/h	1000～1500
	单车道环形匝道,基本路段的设计通行能力(半径25～60m)	pcu/h	550～900
	单车道机非混行匝道,基本路段的设计通行能力	pcu/h	700
	单车道匝道,流出段或流入段的设计通行能力上限	pcu/h	1250
	2条普通匝道交织,交织段单车道的全部交通量合计上限	pcu/h	1000
	2条普通匝道交织,交织段双车道的全部交通量合计上限	pcu/h	2000
四岔平面交叉	十字形平面交叉的设计通行能力(含直行量)	pcu/h	2000～5000
	实体一层平面交叉,一条路双向直行交通量上限	pcu/h	2000
	实体二层平面交叉,主路双向直行交通量上限	pcu/h	5000
	实体三层平面交叉,一条路双向直行交通量上限	pcu/h	7500
四岔环形交叉	环形交叉的设计通行能力(含直行量)	pcu/h	2000～2700
	实体一层环形交叉,一条路双向直行交通量上限	pcu/h	1000
	实体二层环形交叉,主路双向直行交通量上限	pcu/h	2800
	实体三层环形交叉,一条路双向直行交通量上限	pcu/h	4500
被交路	一般互通立交,被交路双向直行交通量上限	pcu/h	2000
互通立交	1座四岔互通立交、枢纽,直连式(定向匝道)的总转向量	pcu/h	8000
	1座四岔互通立交(全苜蓿叶形、集散道交织)的总转向量	pcu/h	6000
	1座四岔互通立交、一般互通立交(被交路平交)的总转向量上限	pcu/h	1500
非机动车	道路交叉进口道,一条自行车道(宽1.0m)的设计通行能力	辆/h	800
	1个十字形平交口,机非混行,非机动车设计通行能力上限	辆/h	10000
	1个四岔环形交叉口,机非混行,非机动车设计通行能力上限	辆/h	10000
	道路立交,机非混行改机非分行的非机动车数量建议值	辆/h	3000
	人非独立层,机非分行的非机动车设计通行能力	辆/h	15000
	人非互通立交,相互无交织冲突的非机动车设计通行能力	辆/h	25000

类别	事项	单位	概值
行人	道路交叉进口道,每米宽度的人行道的行人设计通行能力(hg 为绿灯小时)	人/hg	2000
	1 个十字形平交口,机非混行的行人设计通行能力上限	人/h	20000
	1 个四岔环形交叉口,机非混行的行人设计通行能力上限	人/h	18000
	道路立交,机非混行改机非分行的行人数量建议值	人/h	5000
	人非独立层,机非分行的行人设计通行能力	人/h	25000

2 三岔交叉

先阅读第 1 章,便于理解本章内容。

本章共 6 节。2.1 为三岔交叉方案布置表,2.2～2.6 分别论述三岔交叉的当量 1、2、3、4、5 层布置方案。

2.1 三岔交叉方案布置表

承第 1 章,对于交通组成均为"主机 + 辅机 + 人非"的三岔交叉,互通立交的当量层方案为 1～5 层。

为系统规划布置方案,须考虑各种转弯连接方式的组合,组合要素划分如下:

(1)全立交匝道连接,只有 1 个要素,简称"匝道直连"。

(2)非全立交匝道连接,三岔交叉有环形匝道连接和平面交叉连接两种情况。

环形匝道连接分实体一、二层连接,平面交叉连接也分实体一、二层连接;这两种连接方式一共 4 个要素,都对应着不同的布置方案,组合列表复杂。为列表简单起见,将这 4 个要素,归并简化为 2 个要素,简称"一层平交环形直连""多层平交环形直连"。

(3)人非交通转弯连接,有 3 个要素,简称"独立一层""独立路径""与辅机同层混行"。

根据上述组合要素划分,三岔交叉立交方案布置见表 2-1。表中备注"无",指不合理、很少见,本书无此类方案。

三岔交叉立交方案布置表　　　　　　　　　　表 2-1

当量层方案	主主是否连接	主主连接方式 (当量层数)	辅辅连接方式 (当量层数)	人非连接方式 (当量层数)	备注
当量 1 层方案	不直连	—	多层平交环形直连(1)	与辅机同层混行(0)	
		—	多层平交环形直连(1)	独立路径(0)	

续上表

当量层	主主是否连接	主主连接方式（当量层数）	辅辅连接方式（当量层数）	人非连接方式（当量层数）	备注
当量2层方案	直连	一层平交环形直连(1)	一层平交环形直连(1)	与辅机同层混行(0)	
		一层平交环形直连(1)	一层平交环形直连(1)	独立路径(0)	
		一层平交环形直连(1)	多层平交环形直连(1)	与辅机同层混行(0)	无
		一层平交环形直连(1)	多层平交环形直连(1)	独立路径(0)	无
		多层平交环形直连(1)	一层平交环形直连(1)	与辅机同层混行(0)	
		多层平交环形直连(1)	一层平交环形直连(1)	独立路径(0)	
		多层平交环形直连(1)	多层平交环形直连(1)	与辅机同层混行(0)	无
		多层平交环形直连(1)	多层平交环形直连(1)	独立路径(0)	无
	不直连	—	匝道直连(2)	与辅机同层混行(0)	
		—	匝道直连(2)	独立路径(0)	
		—	一层平交环形直连(1)	独立一层(1)	
		—	多层平交环形直连(1)	独立一层(1)	
当量3层方案	直连	匝道直连(2)	一层平交环形直连(1)	与辅机同层混行(0)	
		匝道直连(2)	一层平交环形直连(1)	独立路径(0)	
		匝道直连(2)	多层平交环形直连(1)	与辅机同层混行(0)	无
		匝道直连(2)	多层平交环形直连(1)	独立路径(0)	无
		一层平交环形直连(1)	匝道直连(2)	与辅机同层混行(0)	
		一层平交环形直连(1)	匝道直连(2)	独立路径(0)	
		多层平交环形直连(1)	匝道直连(2)	与辅机同层混行(0)	
		多层平交环形直连(1)	匝道直连(2)	独立路径(0)	
		一层平交环形直连(1)	一层平交环形直连(1)	独立一层(1)	
		一层平交环形直连(1)	多层平交环形直连(1)	独立一层(1)	无
		多层平交环形直连(1)	一层平交环形直连(1)	独立一层(1)	
		多层平交环形直连(1)	多层平交环形直连(1)	独立一层(1)	无
	不直连	—	匝道直连(2)	独立一层(1)	
当量4层方案	直连	匝道直连(2)	匝道直连(2)	与辅机同层混行(0)	
		匝道直连(2)	匝道直连(2)	独立路径(0)	
		匝道直连(2)	一层平交环形直连(1)	独立一层(1)	
		匝道直连(2)	多层平交环形直连(1)	独立一层(1)	无
		一层平交环形直连(1)	匝道直连(2)	独立一层(1)	无
		多层平交环形直连(1)	匝道直连(2)	独立一层(1)	
当量5层方案	直连	匝道直连(2)	匝道直连(2)	独立一层(1)	

2.2 当量1层方案

当量1层布置方案,是城市立交方案中最低级别方案。因只有1个当量层,交叉道路交通组成为"主机+辅机+人非"的,主路与辅路机动车只能合并转弯;交叉道路交通组成为"机动车+人非"的,自然适用。

三岔交叉当量1层布置方案,常见的有T形交叉和环形交叉。这类交叉中,交叉整体为实体一层的,属于平面交叉范畴;这里的当量1层立交方案,是指实体二层情况。

2.2.1 三岔平面交叉简述

一个城市立交总体方案中,某一层或某一局部可能采用一层平面交叉。三岔平面交叉,常见的有T形和环形。

图2-1为常见的T形平面交叉,一般采用信号控制;左转交通量大时,信号控制多采用三相位配时。

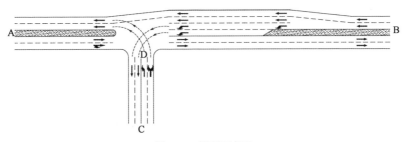

图2-1　T形平面交叉

图2-2为三岔环形平面交叉,适用于直行和转向交通量较小的情况,交织运行,无须信号控制;实际运行交通量大时,容易拥堵,往往需要补设信号控制。而设置信号控制,则不如图2-1所示的普通T形平交。因此,实体一层环形交叉方案,目前较少应用。

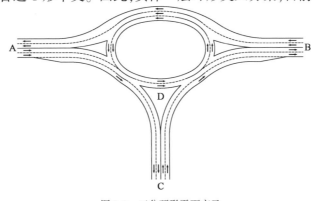

图2-2　三岔环形平面交叉

2.2.2 辅辅 T 形交叉

1）方案布置及特点

如图2-3所示,丁字形三岔交叉,主主不直连,辅辅 T 形平交连接。东西向主机和辅机直行一层,各方向机动车和人非转弯交通另外一层平交。

全互通立交,当量1层,实体二层,机非混行。

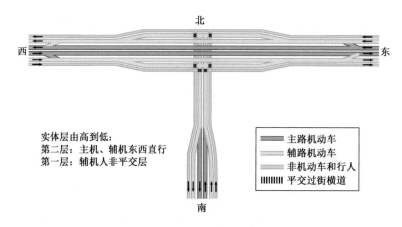

实体层由高到低:
第二层:主机、辅机东西直行
第一层:辅机人非平交层

| 主路机动车 |
| 辅路机动车 |
| 非机动车和行人 |
| 平交过街横道 |

图 2-3 辅辅 T 形(一)

南向交叉道路:机动车主机与辅机两块板的,须提前合并成一块板,以便转弯车辆的流出和流入。

主机之间无直接连接匝道,主主转弯须经"主辅合并转弯"完成,详见 1.5.1 节。

东西向辅机转弯交通、人非直行及转弯交通,与南向各类交通位于一个层面,按平面交叉布置。机非冲突情况,经过交通信号分解,可消除或减弱。

2）适用条件

该方案适合于平面和竖向空间受限情况,适合于东西向直行机动车交通量大、南向直行和所有转向交通量中等及偏小的情况。

图 2-4 与图 2-3 方案的差别在于辅机东西向直行没有直过。

东西向高架层,因纵坡原因,非机动车和行人的直行交通,一般不随过。辅机直行是否随过,需具体分析。如辅机直行量较大,宜随主机同过;如直行量不大,且于互通前后可方便进出主路(图中未示),可不随过,以减小桥梁规模。图 2-4 就是不随过的布置。

图 2-5 与图 2-4 方案的差别在于机非混行调整为机非分行,人非交通采用独立路径(非独立一层)通过立交区,与机动车分离;人非独立路径方案,现实应用多为梯(坡)道布置,人力连续骑行布置少见,有条件时可采用。

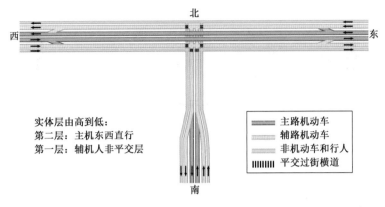

实体层由高到低：
第二层：主机东西直行
第一层：辅机人非平交层

主路机动车
辅路机动车
非机动车和行人
平交过街横道

图 2-4　辅辅 T 形（二）

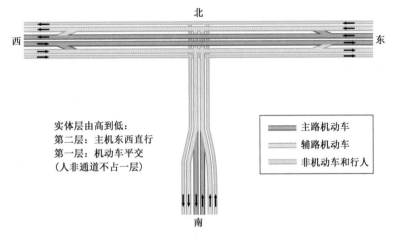

实体层由高到低：
第二层：主机东西直行
第一层：机动车平交
（人非通道不占一层）

主路机动车
辅路机动车
非机动车和行人

图 2-5　辅辅 T 形（三）

2.2.3　辅辅环形交叉

1）方案布置及特点

如图 2-6 所示，丁字形三岔交叉，主主不直连，辅辅环形直连。东西向主机和辅机直行一层，各方向机动车和人非转弯平交另外一层。全互通立交，当量 1 层，实体二层，机非混行。

图中南向交叉道路：机动车主机与辅机两块板的，需提前合并成一块板，以便转弯车辆的流出和流入。

主机之间无直接连接匝道，主主转向需经"主辅合并转弯"完成，详见 1.5.1 节。

辅机之间，南向的左、右转弯经环道通行；东西向的左、右转弯交通亦经环道通行。

人非交通，直行和转弯均在环道上通行。

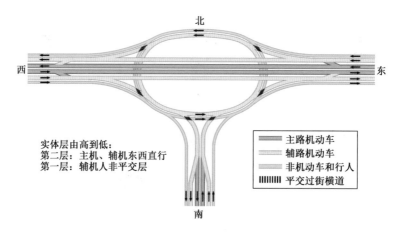

图 2-6　辅辅环形(一)

2)适用条件

该方案适合于平面和竖向空间受限情况,适合于南向机动车交通量和立交转向交通量均不大的情况,或者是交叉中心区有特殊的建筑、普通平交布置受限的情况;一般情况下,不宜轻易采用,不如图 2-3 或图 2-4 方案适应性强。

图 2-7 与图 2-6 方案的差别在于辅机东西向直行没有直过。

东西向高架层,因纵坡原因,人非直行交通一般不随过。辅机直行是否随过,需具体分析。如辅机直行量较大,宜随主机同过;如直行量不大,且于互通前后可方便进出主路,可不随过,以减小桥梁规模。图 2-7 就是不随过的布置。

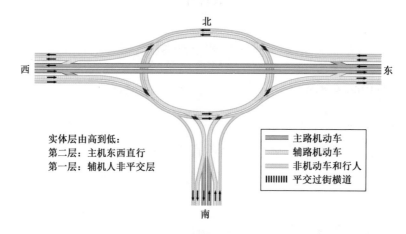

图 2-7　辅辅环形(二)

2.2.4　小结(三岔交叉-当量 1 层方案布置要领)

关于当量 1 层布置方案,前述各节按照表 2-1 的系统规划,分类进行了论述,基本涵盖了各种情况,小结如下。

（1）当量1层方案，实际应用普遍，可见于各类城市的各种道路交叉口，不少是由平面交叉升级改造（直行高架）而成。

（2）机动车转弯层平交布置，一般采用普通T形平交方案；当没有直行交通或总交通量不大时，或者布置条件受限时，也可采用环形交叉方案。

（3）如图2-4所示的实体二层方案，占地少、路径简明，现实应用较多。

（4）当量1层，图2-5为人非独立路径方案，现实中多为梯（坡）道推行路径布置；人力连续骑行路径较少，有条件时可采用。

2.3　当量2层方案

先阅读第1章，便于理解本节内容。

三岔互通立交交叉道路的横断面交通组成，本书以"主机＋辅机＋人非"形式为对象。

当量2层布置方案，占用的平面和竖向空间小，城市立交应用不少。按主主直连（2.3.1、2.3.2）和主主不直连（辅辅直连）（2.3.3～2.3.9）两种情况分别论述。

主 主 直 连

2.3.1　主主梨形

图2-8是主主梨形交叉连接的一种布置方案。

1）方案概述

图2-8为丁字形三岔交叉，主主直连，采用梨形交叉，当量1层，实体二层；辅辅连接采用环形交叉，当量1层，实体一层；人非交通与辅机同层混行。全互通立交，当量2层，实体三层，机非混行。

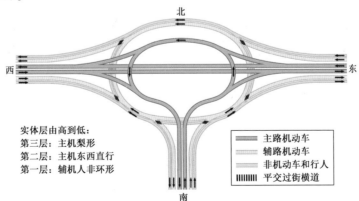

图2-8　主主梨形、辅辅环形

环形交叉,转向交通量小时,不采用信号控制;转向交通量大时,运行期间往往要增设信号控制。

2)适用条件

该方案适用于平面和竖向空间紧张的情况,适用于主机转弯、辅机和人非交通量中等及偏小的情况。

图2-9是图2-8方案的一种变形,辅机和人非环形调整到交叉中心处丁字形平交。

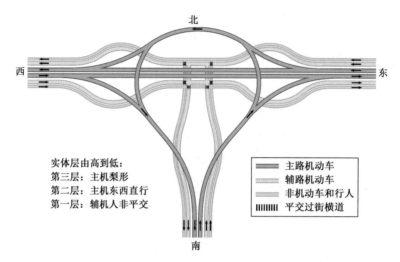

图2-9 主主梨形、辅辅丁字形

图2-10是主主梨形交叉连接的布置方案。主要差别是,由图2-8的机非混行方案,调整为人非独立路径的机非分行方案。主主梨形直连当量1层、实体二层,辅辅环形直连当量1层、实体一层,人非独立路径(未独立占据一层);全互通当量2层,实体三层,机非分行。适用于机动车交通量中等及偏小、人非交通量大的情况。

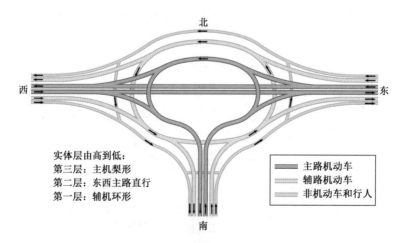

图2-10 主主梨形、辅辅环形(人非独立路径)

2.3.2 主主T形

1. 方案一

图 2-11 是主主 T 形平交连接的一种布置方案。

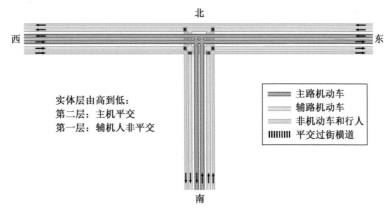

图 2-11　主主 T 形、辅辅 T 形

1）方案概述

如图 2-11 所示,丁字形三岔交叉,主主直连,采用 T 形平面交叉,当量 1 层,实体一层;辅机和人非同层混行,平面交叉,当量 1 层,实体一层。全互通立交,当量 2 层,实体二层,机非混行。

主机平面交叉,信号控制;辅机和人非,同一层平面交叉,信号控制,辅机与人非的交通冲突,经信号分解后,可以消除或减弱。

2）适用条件

该方案适合于平面和竖向空间很紧张的情况,适合于主机、辅机和人非交通量中等及偏小的情况。主机和辅机分别采用平面交叉,实际应用少见。

2. 方案二

图 2-12 是主主 T 形平交连接的另一种布置方案。

1）方案概述

如图 2-12 所示,丁字形三岔交叉,主主直连,采用 T 形平面交叉,当量 1 层,实体一层;辅辅直连,亦采用平面交叉,当量 1 层,实体一层;人非交通,独立路径,未独立成层,与机动车分离。

全互通立交,当量 2 层,实体二层,机非分行。

该方案主机和辅机平面交叉,信号控制,管理方便。人非交通独立路径,机非分行。

2）适用条件

该方案适合于竖向空间紧张的情况,适合于主机和辅机交通量中等或偏小、人非交通量大的情况。

机动车两层均采用平交的方案实例并不多见,将图 2-12 方案调整为机动车平交一层 + 人非一层,也是不错的布置方案,详见后续辅辅 T 形论述。

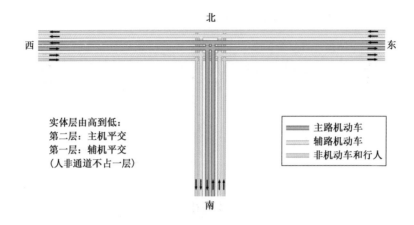

图 2-12 主主 T 形、辅辅 T 形(人非独立路径)

主主不直连(辅辅直连)

主主不直连、辅辅直连,主主之间的交通转换可通过"主辅合并转弯"实现,详见 1.5.1 节。

主主不直连(辅辅直连)的布置方案,对交叉道路单向横断面只有"机动车 + 人非"两种交通组成的情况显然也适用。

主主不直连(辅辅直连)的方案,以下按机非混行(2.3.3、2.3.4)和机非分行(2.3.5 ~ 2.3.9)分别论述。

2.3.3 辅辅单喇叭形

1)方案布置

如图 2-13 所示,丁字形三岔交叉,主主不直连,辅辅直连,单喇叭形。

辅机之间设置 4 条匝道实现全方向互通,左转交通经环形匝道实现。非机之间设置 4 条匝道,线形与辅机匝道傍行;大多情况下两者同幅、横向无分隔,少数情况下横向有分隔甚至局部分离。非机动车适应的路线纵坡小,辅机匝道线形设计时需兼顾。

人行之间亦设置 4 条匝道,右转匝道与非机匝道傍行;左转匝道,如傍行非机动车,绕行较远,一般是在交叉中心附近,独立设置人行梯(坡)道。

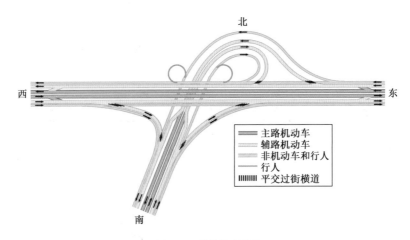

图 2-13 辅辅单喇叭形

全互通立交,当量 2 层,实体二层,机非混行。

南向交叉道路的主机与辅机之间两块板的,适当位置合并成机动车一块板。

2)方案特点

单喇叭方案形式简明,公路和城市外围地区常见,主城区不多见。互通占用平面和竖向空间不大,全互通仅一座分离立交桥。

该方案辅机转弯与直行非机动车和直行行人之间的交通冲突严重,不难看出,一个象限有 2 个辅机与非机冲突点和 2 个辅机与人行冲突点;交通高峰时段,冲突区域往往拥堵,也容易引发事故。因此,该方案较当量 1 层方案优势不大。

3)适用条件

该方案多适合于城市外缘地区,适用于机动车转向交通量和人非交通量中等及偏小的情况。

2.3.4 辅辅双叶形

承前单喇叭形方案,差异论述如下。

如图 2-14 所示,丁字形三岔交叉,主主不直连,辅辅直连,双叶形。全互通立交,当量 2 层,实体二层,机非混行。

与单喇叭形方案相比,该方案多了 1 条环形匝道,占用平面空间大一些;机非冲突点没变,环形匝道运行效率稍低,且并肩环形匝道存在交织路段。

因此,该方案比单喇叭形方案略差,较当量 1 层方案优势也不大。该方案适用于特殊条件限制或者远期有丁字交叉改十字交叉需要的交叉点。

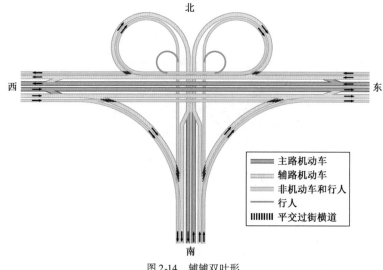

图 2-14　辅辅双叶形

2.3.5　辅辅直连式

1)方案布置及特点

如图 2-15 所示,丁字形三岔交叉,主主不直连,辅辅直连,采用直连式方案,当量 2 层,实体三层;人非交通,部分借用机动车交叉的竖向空间,独立路径(未独立成层),与机动车分离。

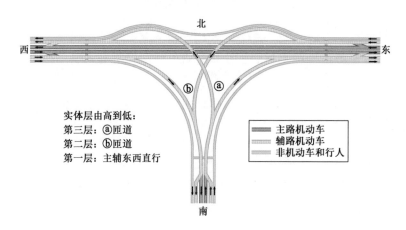

图 2-15　辅辅直连式

全互通立交,当量 2 层,实体三层,机非分行。

辅机匝道无交织、无冲突,机非分行,运行效率高。辅辅直连式方案,采用机非混行布置要慎重,主要原因是匝道线形指标高,运行速度快,机非混行安全性差。

2）适用条件

该方案适合于机动车直行、辅机转弯和人非交通量大的情况。

2.3.6　辅辅单喇叭形

承前单喇叭形机非混行方案，差异论述如下。

如图 2-16 所示，丁字形三岔交叉，主主不直连，辅辅直连，单喇叭形，当量 2 层，实体二层。人非交通，部分利用机动车交叉的竖向空间，部分增设桥孔，没有形成独立一层，但独立路径，与机动车分离。方案布置的难点在于非机动车路径，纵面应尽量缓和，平面还有图示以外的其他方案，结合具体条件选定。

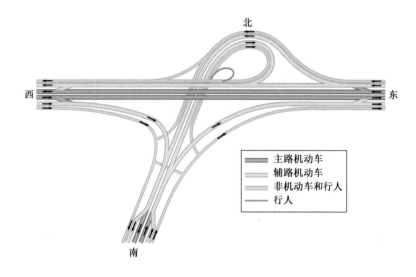

图 2-16　辅辅单喇叭形

全互通立交，当量 2 层，实体二层，机非分行。

该方案多适合于城市外缘地区，适合于机动车直行交通量大、转向交通量中等、人非交通量大的情况。

2.3.7　辅辅双叶形

承前双叶形机非混行方案和单喇叭形机非分行方案，差异论述如下。

如图 2-17 所示，双叶形机非分行方案。人非交通在辅机匝道外围绕行，部分借用机动车交叉竖向层间，独立路径（未成一层）；外围绕行稍远，但纵面指标平缓时行驶体验尚可。

全互通立交，当量 2 层，实体二层，机非分行。

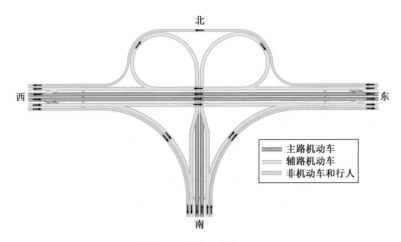

图 2-17　辅辅双叶形（一）

该方案多适合于城市外缘地区或者有丁字形交叉改十字形规划的情况,适合于机动车转向交通量中等、人非交通量大的情况。

图 2-18 是在图 2-17 的基础上,人非交通调整为辅机匝道内围穿行,交叉中心部位形成实体二层,人非交通部分利用了机动车交叉竖向层间,未独立成层。全互通立交,当量 2 层,实体二层,机非分行。

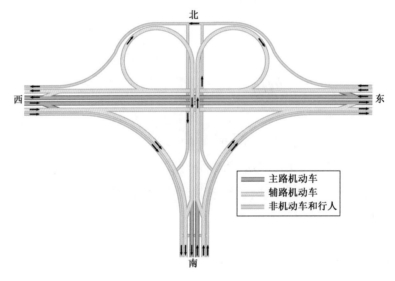

图 2-18　辅辅双叶形（二）

2.3.8　辅辅 T 形

当量 2 层,机非分行,辅辅 T 形直连,人非交通独立一层;机动车之间有实体一层 T 形平交、实体二层 T 形平交(辅机不直过)、实体二层 T 形平交(辅机直过)三种情况,以下分别论述。

如图 2-19 所示,丁字形交叉,机动车 T 形平交一层,人非独立一层。全互通立交,当量 2 层,实体二层,机非分行。

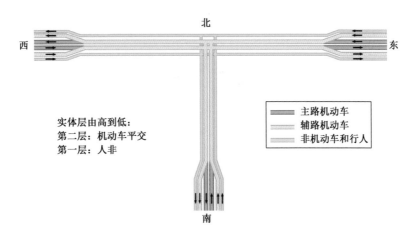

图 2-19 辅辅 T 形(一)

机动车于一层按普通 T 形平面交叉布置,交叉道路横断面主机与辅机分为两块板的,需提前合并成一块板。

该方案适用于平面和竖向空间均严格受限的情况,适用于机动车转向交通量中等、人非交通量大的情况。

图 2-20 在图 2-19 方案基础上,再增加一层主机东西向高架层。

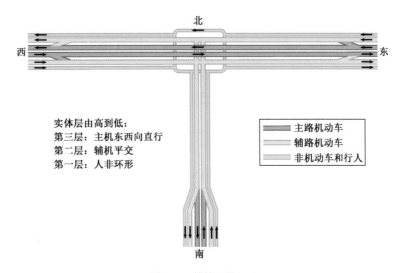

图 2-20 辅辅 T 形(二)

全互通立交,当量 2 层,实体三层,机非分行。

该方案适用于东西向主机直行交通量大、转弯机动车交通量中等及偏小、人非交通量大的情况。

图 2-21 与图 2-20 的差别在于东西向辅机直行与主机一起立交直过互通区。

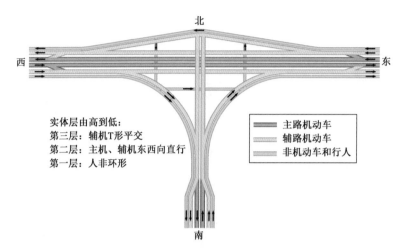

图 2-21　辅辅 T 形(三)

全互通立交,当量 2 层,实体三层,机非分行。该方案适用于东西向直行机动车交通量大、转弯机动车交通量中等及偏小、人非交通量大的情况。

2.3.9　辅辅环形

当量 2 层,机非分行,辅辅环形直连,人非交通独立一层;机动车有实体一层环形平交、实体二层环形平交(辅机不直过)、实体二层环形平交(辅机直过)三种情况。

如图 2-22 所示,丁字形交叉,机动车环形平交一层,人非平交一层。全互通立交,当量 2 层,实体二层,机非分行。

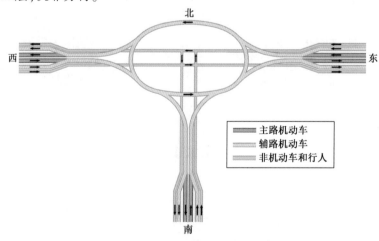

图 2-22　辅辅环形(一)

机动车于--层按普通环形平面交叉布置,交叉道路横断面主机与辅机分为两块板的,需提前合并成一块板。

当环形中部有控制物无法布置时,人非交通亦可在辅机环形外围呈环形布置,如图2-23所示。

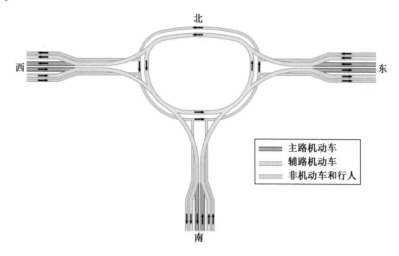

图2-23　辅辅环形(二)

图2-22和图2-23所示的方案,三岔机动车采用环形交叉,且直行和转弯均在环道上运行;虽比四岔环形稍好,但交通量大时环道运行不畅。因此,该方案适应性不强,不宜轻易采用。

图2-24在图2-23方案基础上,再增加一层主机东西向独立层。

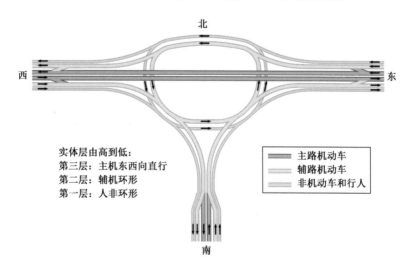

实体层由高到低:
第三层:主机东西向直行
第二层:辅机环形
第一层:人非环形

图2-24　辅辅环形(三)

全互通立交,当量2层,实体三层,机非分行。

该方案适用于东西向主机直行交通量大、转弯机动车交通量中等及偏小、人非交通量大的情况。

图 2-25 与图 2-24 的差别在于东西向辅机直行与主机一起立交直过互通区。

全互通立交,当量 2 层,实体三层,机非分行。该方案适用于东西向直行机动车交通量大、转弯机动车交通量中等及偏小、人非交通量大的情况。

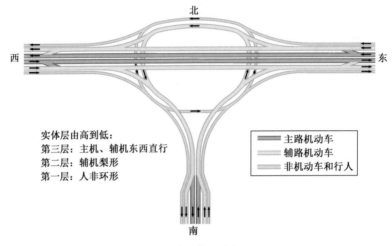

图 2-25　辅辅梨形

2.3.10　小结(三岔交叉-当量 2 层方案布置要领)

当量 2 层布置方案,前述各节按照表 2-1 的系统规划,分类进行了论述,基本涵盖了各种情况,小结如下。

(1)立交方案总体布置,机非混行与机非分行的选择,机非分行路径的选择,须综合考虑交通需求和布置条件等影响因素,详见 1.5.4、1.5.5 节论述。

(2)当量 2 层方案,虽有不少应用实例,但对主机 + 辅机 + 人非交通组成情况,总体适应性不强,实际应用须与当量 1 层和当量 3 层方案深入比选后确定。其问题分析如下:

①当量 2 层,如主主直连,只能采用平交或环形交叉布置,交通转向效率低。

②当量 2 层,如主主不直连、辅辅直连,主主交通转向(通过辅辅直连间接实现)效率不高。

如图 2-8 所示的实体三层环形交叉方案和图 2-19 所示的实体二层 T 形平交方案,均为当量 2 层,对比直行高架一层 + 机非平交一层的当量 1 层方案(图 2-3),各有特点,需要充分比较论证。

图 2-19 ~ 图 2-25 类辅机平交或环形交叉 + 人非独立层的机非分行当量 2 层方案,机动车转向效率低,且需处理好人非独立层与地块连接的矛盾,需要与当量 3 层方案(如主主定向匝道 + 辅机人非混行)比选。

（3）图 2-15 类辅机匝道直连＋人非独立路径的当量 2 层方案，如地块连接没有矛盾，是相对不错的选择。

（4）喇叭形、双叶形，占地大、人非路径不畅，中心城区较少采用。

（5）机动车平交层布置，一般采用普通 T 形平交方案；当没有直行交通或总交通量不大时，或者布置条件受限时，也可采用环形方案。

（6）4 条辅机匝道连接的机非分行示例方案，当地块机动车连接问题无法解决时，可研究在人非路径上增设机动车道的可行性；增设后，机非分行就变成机非混行了。

2.4 当量 3 层方案

先阅读第 1 章，便于理解本节内容。

三岔互通立交交叉道路的横断面交通组成，本书以"主机＋辅机＋人非"形式为对象。

当量 3 层布置方案占用的平面和竖向空间适中，城市立交应用较多。按主主直连（2.4.1～2.4.7）和主主不直连（辅辅直连）（2.4.8～2.4.10）两种情况分别论述。

——————————————— 主 主 直 连 ———————————————

2.4.1 主主直连式

2.4.1.1 机非混行

1）方案布置

（1）几何。

如图 2-26 所示，丁字形三岔交叉，主机之间采用直连式 T 形（当量 2 层）；辅机和人非同层平交（当量 1 层），机非混行。全互通立交，当量 3 层，实体三层。

混行平交层，竖向一般布置在坡度较缓的、贴近地面的层间，图中布置在三层之中的底层，实际项目上，可视具体情况调整。

混行平交层，图中为开字形，有条件时尽量布置成普通 T 形，慎重采用环形方案。

图中 AB 和 CD 路段，右转匝道视具体情况也可同时连通，形成辅机和人非右转的第二路径。

（2）交通。

主机之间设置 4 条匝道实现全方向互通，左转交通为外转弯半直连匝道。

辅机之间直行和转弯，均通过平交层完成。

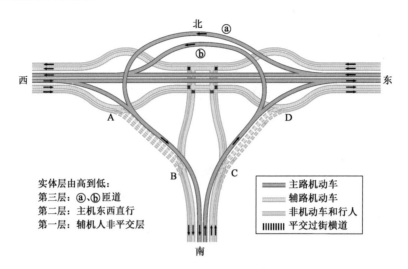

实体层由高到低：
第三层：ⓐ、ⓑ匝道
第二层：主机东西直行
第一层：辅机人非平交层

| 主路机动车 |
| 辅路机动车 |
| 非机动车和行人 |
| 平交过街横道 |

图2-26　主主直连式、辅辅开字形

人非路径线形与辅机匝道相同。

混行平交层一般设置信号控制。

2）适用条件

该方案形式简明，互通占用的平面和竖向空间适中，适合于主机交通量大、辅机和人非交通量中等及偏小的情况。

如图2-27所示，丁字形三岔交叉，是主主直连当量3层机非混行的另一种布置方案。主主直连，采用直连式方案（当量2层）；辅机、人非在主机匝道外围绕行，部分借用主机连接的竖向层间，虽未独立成层，但构成了机动车环形路径，此处计为当量1层。全互通立交，当量3层，实体三层，机非混行。

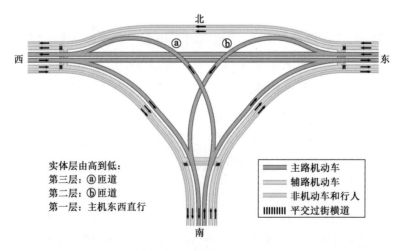

实体层由高到低：
第三层：ⓐ匝道
第二层：ⓑ匝道
第一层：主机东西直行

| 主路机动车 |
| 辅路机动车 |
| 非机动车和行人 |
| 平交过街横道 |

图2-27　主主直连式、辅辅变形环形

与图2-26相比,只是主机匝道和辅机人非路径位置有所变化,其他类同。

2.4.1.2　机非分行

图2-26为机非混行方案,将其人非交通分离出去,采用独立路径布置,就形成了图2-28方案。

如图2-28所示,丁字形三岔交叉,主机之间采用直连式T形(当量2层);辅机一层平交(当量1层);人非交通于外围绕行,部分借用机动车交叉竖向层间,未独立成层,但独立路径与机动车分离。全互通立交,当量3层,实体三层,机非分行。

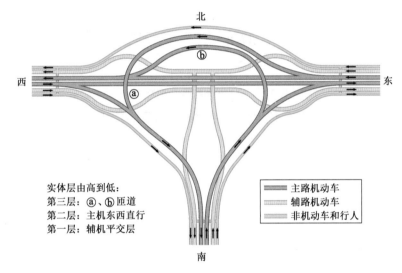

图2-28　主主直连式、辅辅开字形(人非独立路径)

该方案人非绕行稍远,但纵坡平缓的话,可以接受。图中人非路径可视具体情况优化,例如东南、西南段改为双向通行,以减少绕行。另外需要协调好地块机动车连接问题。

该方案形式简明,占用的平面和竖向空间适中,适合于主机交通量大、辅机转向交通量中等、人非交通量大的情况。

2.4.2　主主单喇叭形

2.4.2.1　辅辅开字形

1)方案布置

(1)几何。

如图2-29所示,丁字形三岔交叉,主机之间单喇叭形(当量2层);辅机和人非同一层平交(当量1层),机非混行。全互通立交,当量3层,实体三层,机非混行。

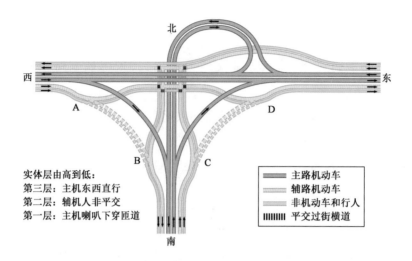

实体层由高到低：
第三层：主机东西直行
第二层：辅机人非平交
第一层：主机喇叭下穿匝道

主路机动车
辅路机动车
非机动车和行人
平交过街横道

图 2-29　主主单喇叭形、辅辅开字形

混行平交层竖向一般布置在坡度较缓的、贴近地面的层间，图中布置在三层之中的中间层。实际项目上，可视具体情况调整。

图中 AB 和 CD 路段，右转匝道视具体情况也可同时连通，形成辅机和人非右转的第二路径。

（2）交通。

主机之间设置 4 条匝道实现全方向互通，左转交通经环形匝道实现。

辅机之间直行和转弯，均通过中间层的平面交叉完成。

人非路径线形与辅机匝道相同。

混行平交层，交通压力大，一般设置信号控制。

2）方案特点和适用条件

该方案占用的平面和竖向空间稍大，多适合于平面、竖向空间限制不大的城市外缘地区，适用于主机交通量大、辅机和人非交通量中等及偏小的情况。

2.4.2.2　辅辅环形

1）方案布置和特点

如图 2-30 所示，丁字形三岔交叉，主机之间单喇叭形（当量 2 层）；辅机环形一层平交（当量 1 层）；人非独立路径，机非分行。全互通立交，当量 3 层，实体三层（或大二层）。

主机之间设置 4 条匝道实现全方向互通，左转交通经环形匝道实现。

辅机之间直行和转弯，均通过环形平交完成。

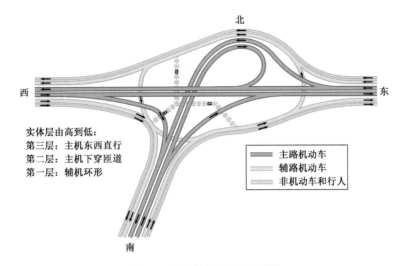

实体层由高到低：
第三层：主机东西直行
第二层：主机下穿匝道
第一层：辅机环形

主路机动车
辅路机动车
非机动车和行人

图2-30　主主单喇叭形、辅辅环形

人非独立路径，与机动车分离。

2）适用条件

该方案占用的平面和竖向空间稍大，多适合于平面、竖向空间限制不大的城市外缘地区，适用于主机交通量大、辅机交通量中等、人非交通量大的情况。

2.4.3　主主双叶形

1）方案布置

如图2-31所示，丁字形三岔交叉，主机之间双叶形（当量2层）；辅机和人非同一层平交（当量1层），机非混行。全互通立交，当量3层，实体三层。

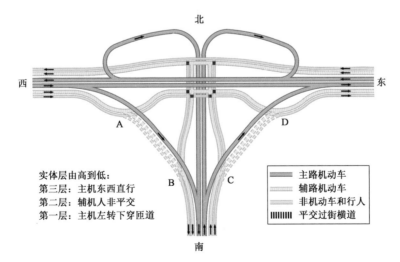

实体层由高到低：
第三层：主机东西直行
第二层：辅机人非平交
第一层：主机左转下穿匝道

主路机动车
辅路机动车
非机动车和行人
平交过街横道

图2-31　主主双叶形、辅辅开字形

其他与"主主直连单喇叭形"类同。

2）方案特点和适用条件

该方案形式简明，互通占用的平面和竖向空间稍大，多适合于平面、竖向空间限制不大的城市外缘地区，适用于主机交通量较大、辅机和人非交通量中等及偏小的情况。

双叶形相比单喇叭形不占优势，占地大、存在交织运行路段等，大多适用于远期有丁字交叉改十字交叉规划的情况。

2.4.4　主主迂回形

如图 2-32 所示，丁字形三岔交叉，主机之间迂回形（东南左转匝道呈迂回形，南西左转匝道为内转弯半直连匝道；当量 2 层）；辅机之间和人非之间为同层平交（当量 1 层），机非混行。全互通立交，当量 3 层，实体三层。

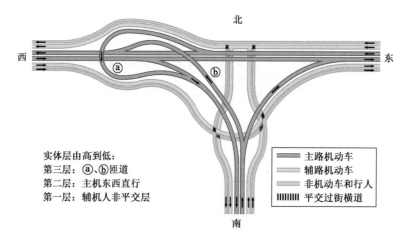

图 2-32　主主迂回形、辅辅开字形

其他与"主主直连直连式、机非混行"方案类同。

该方案占用的平面和竖向空间适中，适合于平面、竖向空间局部受限或者交通量方向差别显著的情况；适用于主机直行和南西转弯交通量大、辅机和人非交通量中等及偏小的情况。

2.4.5　主主梨形

2.4.5.1　辅辅直连式

1）方案布置和特点

如图 2-33 所示，丁字形三岔交叉，主机之间梨形交叉，当量 1 层，实体二层；辅机东西向直行横向拉开，4 条匝道均为直连或半直连式，当量 2 层，实体增加小一层；人非独立路径，机非分行。全互通立交，当量 3 层，实体小三层。

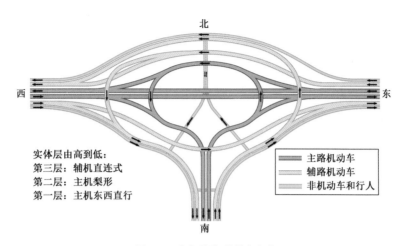

实体层由高到低:
第三层:辅机直连式
第二层:主机梨形
第一层:主机东西直行

主路机动车
辅路机动车
非机动车和行人

图 2-33 主主梨形、辅辅直连式

2)适用条件

该方案占用的平面和竖向空间适中,适合于平面、竖向空间限制不大的情况,适用于主机转向交通量中等、辅机交通量大、人非交通量大的情况。

2.4.5.2　辅辅环形

1)方案布置和特点

如图 2-34 所示,丁字形三岔交叉,主机之间梨形交叉,当量 1 层,实体二层;辅辅连接采用环形,当量 1 层,实体增加小一层;人非独立一层,机非分行。全互通立交,当量 3 层,实体小四层。

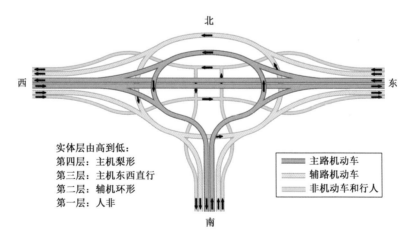

实体层由高到低:
第四层:主机梨形
第三层:主机东西直行
第二层:辅机环形
第一层:人非

主路机动车
辅路机动车
非机动车和行人

图 2-34 主主梨形、辅辅环形

2)适用条件

该方案适合于平面空间受限、竖向空间宽裕的情况,另外需要协调好地块机动车连接问题;适用于主机转向交通量中等、辅机交通量中等及偏小、人非交通量大的情况。

2.4.6 主主 T 形

1)方案布置和特点

如图 2-35 所示,丁字形三岔交叉,主机之间采用 T 形平面交叉,当量 1 层,实体一层;辅辅连接采用环形,当量 1 层,实体一层;人非独立一层,机非分行。全互通立交,当量 3 层,实体三层。

该方案实体三层,主机和辅机的直行均与转弯交通混合,方案不尽合理。

2)适用条件

该方案适合于平面空间受限的情况,适用于机动车交通量中等及偏小、人非交通量大的情况。

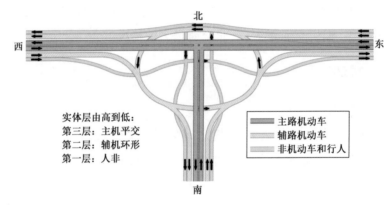

图 2-35 主主 T 形、辅辅环形

2.4.7 主辅合并转弯

2.4.1～2.4.6 节的布置方案,都是按常见的主主与辅辅分别转弯的思路布置的。还有一种布置思路,就是在立交区主辅合并,共同设置一组机动车转弯匝道(当量 2 层),人非独立一层(当量 1 层),全互通立交当量 3 层。这种布置思路,主路与辅路之间有干扰,如辅机直行与主机转弯、辅机左转与主机右转、辅路右转须先内再外等,所以实际应用不多。

如图 2-36 所示,丁字形三岔交叉,立交区主辅合并,机动车转弯采用直连式方案(当量 2 层);人非独立一层(当量 1 层)。

全互通立交,当量 3 层,实体四层,机非分行。

该方案适用于主机和辅机交通量中等、人非交通量大的情况。

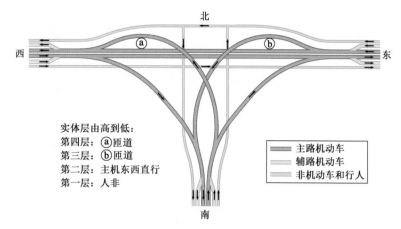

图 2-36　主辅合并直连式(一)

如图 2-37 所示,丁字形三岔交叉,交叉道路上的主机和辅机提前合并成一块板。东西向直行,两向不等高,北高南低。

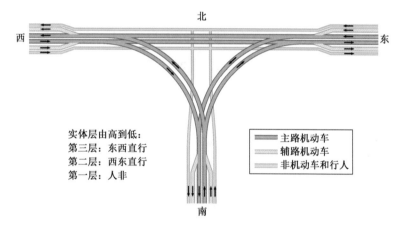

图 2-37　主辅合并直连式(二)

机动车之间,东向南和南向西转弯,采用左侧出入的直连式匝道;西向南和南向东转弯,采用右侧出入的直连式匝道。由于两向不等高,又部分采用左侧出入,匝道平面线形平顺。

人非交通独立一层。

全互通立交,当量 3 层,实体三层,机非分行。

该方案形式简明,占用的平面空间小、竖向空间稍大,适合于平面空间紧张、竖向空间限制不大的情况,适用于主机和辅机交通量中等、人非交通量大的情况。如左转车辆中大型车、慢速车数量大且东西向主线速度高的情况,左侧出入安全性差,该方案不适合。

图 2-38 是图 2-37 的一种变形方案。图 2-37 方案,4 条匝道均为主机匝道。图 2-38 方案为混合直连式,东-西方向,同样采用的是 2 条左侧出入的主机匝道;西-东方向,采用的是 2 条右侧出入的辅机匝道。

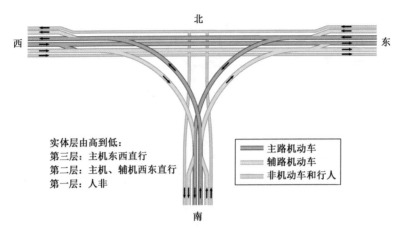

图 2-38　混合直连式

主主不直连(辅辅直连)

当量 3 层的布置方案,主主不直连(辅辅直连)当量 2 层,人非都是独立 1 层,即均为机非分行方案。主主之间的交通转换,通过"主辅合并转弯"实现,详见第 1.5.1 节。

2.4.8　辅辅直连式

2.4.8.1　外转弯

如图 2-39 所示,丁字形三岔交叉,主主不直连,辅机之间采用 T 形外转弯半直连式匝道连接,当量 2 层,实体二层;人非独立一层,机非分行。

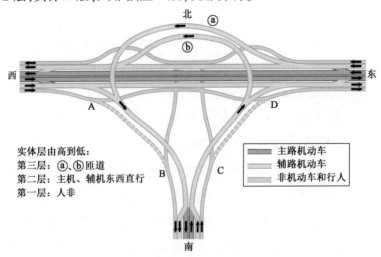

图 2-39　辅辅直连式(一)

全互通立交,当量 3 层,实体三层。

该方案形式对称简明,互通占用的平面和竖向空间适中,适合于平面、竖向空间限制不大的情况。适用于主机转向交通量中等、辅机转向交通量大、人非交通量大的情况。

其他与"主主直连式"类同。

2.4.8.2 内转弯

如图 2-40 所示,丁字形三岔交叉,主主不直连,辅机之间 T 形内转弯半直连式匝道连接,当量 2 层,实体三层;人非独立一层,机非分行。全互通立交,当量 3 层,实体四层。

该方案形式对称简明,互通占用的平面空间小、竖向空间大,适合于平面紧张、竖向空间宽裕的情况,适用于主机转向交通量中等、辅机转向交通量大、人非交通量大的情况。

其他与上一小节类同。

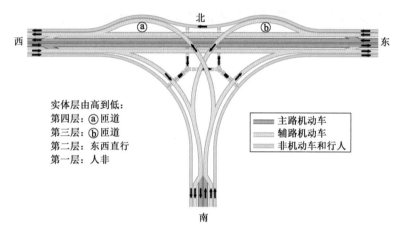

图 2-40 辅辅直连式(二)

2.4.9 辅辅单喇叭形

1)方案布置

(1)几何。

如图 2-41 所示,丁字形三岔交叉,主主不直连,辅机之间单喇叭形(当量 2 层),人非独立一层(当量 1 层),机非分行。全互通立交,当量 3 层,实体三层。

人非层竖向一般布置在坡度较缓的层间,图中布置在三层之中的低层,实际项目上,可视具体情况调整。

(2)交通。

辅机之间设置 4 条匝道实现全方向互通,左转交通经环形匝道实现。

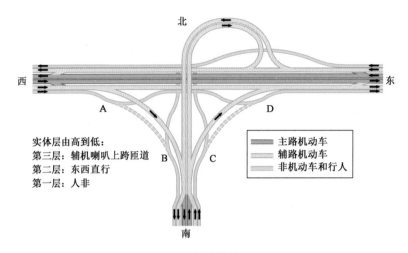

图 2-41 辅辅单喇叭形

图中 AB 和 CD 路段,右转匝道视具体情况也可同时连通,形成人非右转的第二路径。人非交通经独立层通行,与机动车交通分离。

2)适用条件

该方案多适合于城市外缘地区,适合于平面、竖向空间限制不大,机动车交通量中等以上、人非交通量大的情况。

2.4.10 辅辅双叶形

如图 2-42 所示,丁字形三岔交叉,主主不直连,辅机之间双叶形(当量 2 层),人非独立一层(当量 1 层),机非分行。全互通立交,当量 3 层,实体三层。

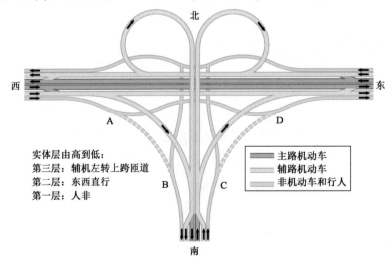

图 2-42 辅辅双叶形

与上一小节的喇叭形方案相比,该方案多了1条环形匝道,占用平面空间略大一些;环形匝道运行效率稍低,且并肩环形存在交织运行路段。因此,该方案比单喇叭形方案略差。

该方案多适用于城市外缘地区或者远期有 T 字交叉改十字交叉规划的交叉点。

其他与上一小节的喇叭形方案类同。

2.4.11 小结(三岔交叉-当量3层方案布置要领)

当量 3 层布置方案,前述各节按照表 2-1 的系统规划,分类进行了论述,基本涵盖了各种情况,小结如下。

(1)当量 3 层方案,是城市快速道路、主干路大型交叉点的多用方案。

(2)立交方案总体布置,机非混行与机非分行的选择,机非分行路径的选择,须综合考虑交通需求和布置条件等影响因素,详见 1.5.4、1.5.5 节论述。

(3)当量 3 层方案,机动车之间宜首选设置 4 条立交匝道连接,左转宜首选半直连匝道,而非环形匝道。

(4)机动车 4 条立交匝道,宜首选布置在主主之间(也称主路立交);这时,辅机和人非共板混行方案多见,即图 2-26、图 2-27 类方案。

(5)当人非交通量很大、主辅出入顺畅、地块连接可行的前提下,4 条立交匝道也可设置在辅辅之间或者主辅合并设置,人非专设一层。即如图 2-36、图 2-39、图 2-40 所示的方案。

(6)机动车平交布置,一般采用普通 T 形平交方案;当没有直行交通或总交通量不大时,或者布置空间受限时,也可采用环形方案。

(7)4 条辅机匝道连接的机非分行示例方案,当地块机动车连接问题无法解决时,可研究在人非路径上增设机动车道的可行性;增设后,机非分行就变成机非混行了。

2.5 当量 4 层方案

先阅读第 1 章,便于理解本节内容。

三岔互通立交交叉道路的横断面交通组成,本书以"主机 + 辅机 + 人非"形式为对象。

当量 4 层方案,主主直连当量 2 层,辅辅直连当量 2 或 1 层,人非与辅机共层或独立路径或独立一层;主主交叉与辅辅交叉,可集中一点布置(2.5.1 ~ 2.5.4),也可分散两点布置(2.5.5 ~ 2.5.6)。以下分别论述。

集 中 布 置

一座互通立交,实体层布置,一般情况下地面以上最多三层或四层,地面一层,地下最多一层或二层;合计一般最多六层,实际三层或四层多见。

当量4层,主主交叉与辅辅交叉,集中一点(一般是交叉中心)布置,有时需要的竖向空间较大,方案布置需要总体考虑。

2.5.1 主主直连式

2.5.1.1 辅辅直连式

在主主直连式占据三层实体空间的前提下,辅辅直连式如果再独立占据三层实体空间,一般难以布置。这时的辅辅直连,宜部分借用或共用主主交叉的竖向空间。这里列出两个示例。

1. 示例一

1)方案布置

如图 2-43 所示,丁字形三岔交叉,主主直连采用直连式,内转弯半直连式匝道,当量2层,实体三层。辅辅直连亦采用直连式,内转弯半直连式匝道,当量2层,2 条左转匝道与主机左转匝道傍行;2 条右转匝道也未增加竖向层间;辅机直行交通改为匝道布置,2 条直行匝道穿过交叉中心段纵坡稍大,也未增加竖向层间。

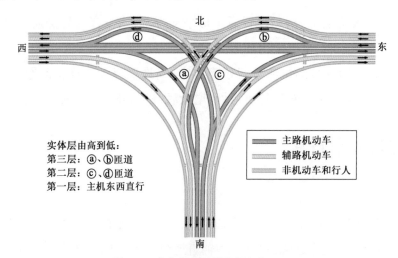

实体层由高到低:
第三层:ⓐ、ⓑ匝道
第二层:ⓒ、ⓓ匝道
第一层:主机东西直行

主路机动车
辅路机动车
非机动车和行人

图 2-43 主主直连式、辅辅直连式(一)

人非交通于互通区适当位置绕行,部分借用机动车交叉竖向空间,未形成独立层,但为独立路径;为减少绕行距离,也可将人非路径布置成双向通行。

全互通立交,当量4层(主主当量2层+辅辅当量2层),实体三层,机非分行。

该方案主主之间和辅辅之间左转均采用内转弯半直连匝道,全互通无交织、无冲突,机非分行,是当量4层布置的高级方案。

2)适用条件

该方案形式对称简明,互通占用平面和竖向空间较大,桥梁规模较大。适用于空间条件和城区景观限制不严的情况,适用于主机、辅机和人非交通量均很大且辅机的通道职能突出的情况。

2. 示例二

1)方案布置

如图2-44所示,丁字形三岔交叉,主主直连采用直连式,外转弯定向匝道,当量2层,实体二层。辅辅直连也采用直连式,外转弯定向匝道,当量2层,实体层增加小一层。人非独立路径,未独立成层。

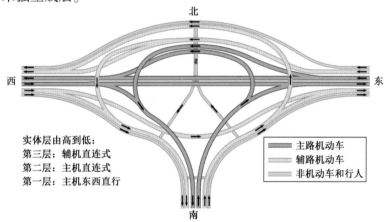

图2-44　主主直连式、辅辅直连式(二)

全互通立交,当量4层,实体小三层,机非分行。

2)适用条件

该方案形式对称简明,互通占用平面和竖向空间较大,桥梁规模较大。适用于空间条件和城区景观限制不严的情况,适用于主机、辅机和人非交通量均很大且辅机的通道职能突出的情况,也可用于两期叠加工程。

2.5.1.2　辅辅双叶形

1. 机非混行

1)方案布置

如图2-45所示,丁字形三岔交叉,主主直连采用直连式(当量2层),实体三层,2条左转匝道位于最高二层。

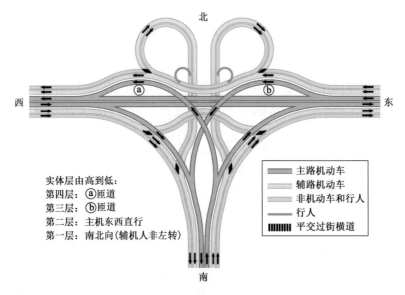

图 2-45　主主直连式、辅辅双叶形(一)

辅辅连接采用双叶形(当量 2 层),辅机直行按匝道布置,双叶形位于实体四层的最下两层。

非机动车与辅机路径傍行,人行左转可在交叉中心独立设置人行梯(坡)道。

全互通立交,当量 4 层,实体四层,机非混行。

该方案主机转弯匝道指标高,左转均采用内转弯半直连匝道;辅机转弯交通与人非直行交通存在冲突,有安全隐患,尤其是匝道纵坡较大时。

2)适用条件

该方案占用平面空间和竖向空间较大,桥梁规模较大,机非混行,总体布置不佳。适用于空间条件和城区景观限制不严或远期有十字形交叉规划的情况,适用于主机交通量大、辅机和人非交通量中等偏小的情况。

图 2-45 为实体四层,且为机非混行,方案总体布置不佳。下面介绍机非分行方案。

2. 机非分行

1)方案布置

如图 2-46 所示,丁字形三岔交叉,主主直连采用直连式,当量 2 层,实体三层,2 条左转匝道位于最高二层。

辅辅直连采用双叶形(当量 2 层),辅机直行和匝道交叠立体穿行于主机交叉的竖向层间,竖向增加一层。

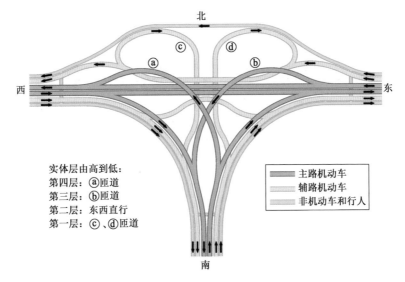

实体层由高到低:
第四层:ⓐ匝道
第三层:ⓑ匝道
第二层:东西直行
第一层:ⓒ、ⓓ匝道

主路机动车
辅路机动车
非机动车和行人

图2-46　主主直连式、辅辅双叶形(二)

人非交通于匝道外围绕行,未独立成层,但独立路径与机动车分离。

全互通立交,当量4层,实体四层,机非分行。

该方案主机转弯匝道指标高,左转均采用内转弯半直连匝道;辅机左转并肩环形匝道存在交织。

2)适用条件

该方案形式对称简明,互通占用平面和竖向空间较大,桥梁规模较大。适用于空间条件和城区景观限制不严的情况,适用于主机、辅机和人非交通量均很大且辅机的通道职能突出的情况,也可用于两期叠加工程或远期有十字形交叉规划的情况。

2.5.1.3　辅辅单喇叭形

1)方案布置

如图2-47所示,丁字形三岔交叉,主主直连采用直连式,当量2层,实体三层。

辅辅直连采用单喇叭形(当量2层),穿行于主主交叉的竖向层间;其中东向南匝道,为节省竖向空间,采用混合连接,设置AB匝道并入主机同向匝道,至C点再分流到辅机。

人非交通于互通区适当位置绕行,部分借用主线和匝道竖向空间,未形成独立层,但为独立路径,与机动车分离。

全互通当量4层,实体三层,机非分行。因缺少独立的辅机东-南向匝道,立交总体实际上不足当量4层。

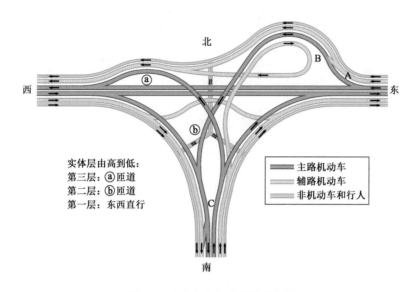

图 2-47　主主直连式、辅辅单喇叭形

2）适用条件

该方案占用平面和竖向空间较大,桥梁规模较大。适用于空间条件和城区景观限制不严的情况,适用于主机、辅机和人非交通量均较大的情况。

2.5.2　主主双叶形

2.5.2.1　辅辅双叶形

1）方案布置

如图 2-48 所示,丁字形三岔交叉,主主直连采用双叶形(当量 2 层),位于实体层的最高二层。

辅辅连接亦采用双叶形(当量 2 层),位于实体层的最低二层。

人非交通,部分借用机动车交叉的竖向空间,未独立成层,但独立路径,与机动车交通分离;南侧的西-东通道如纵面设置困难,也可与北部的东-西路径共线。

该方案交叉中心,东西向主机与辅机不等高,高差大小取决于匝道纵坡,因此交叉中心竖向为实体小四层;另外,交叉中心,东西向主机和辅机因并肩环形匝道,一般均须设置集散道,导致道路横向宽度大。该方案竖向层间安排,可视项目具体情况调整。

全互通,当量 4 层,实体小四层,机非分行。

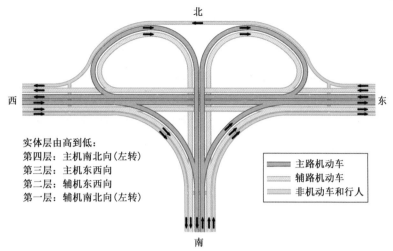

实体层由高到低：
第四层：主机南北向（左转）
第三层：主机东西向
第二层：辅机东西向
第一层：辅机南北向（左转）

主路机动车
辅路机动车
非机动车和行人

图2-48 主主双叶形、辅辅双叶形

2）适用条件

该方案形式对称简明，互通占用平面和竖向空间较大，桥梁规模较大。适用于空间条件和城区景观限制不严的情况，适用于主机、辅机和人非交通量均很大且辅机的通道职能突出的情况，也可用于两期叠加工程。

2.5.2.2 辅辅单喇叭形

1）方案布置

如图2-49所示，丁字形三岔交叉，主主直连采用双叶形，当量2层，实体二层。

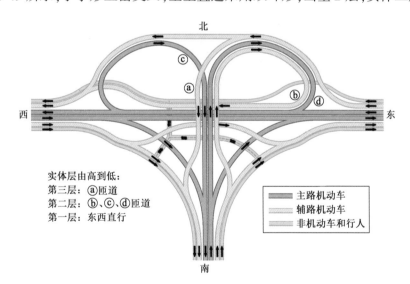

实体层由高到低：
第三层：ⓐ匝道
第二层：ⓑ、ⓒ、ⓓ匝道
第一层：东西直行

主路机动车
辅路机动车
非机动车和行人

图2-49 主主双叶形、辅辅单喇叭形

辅辅直连采用单喇叭形，当量2层；实体层，ⓐ匝道增加一层，其余借用主主交叉的竖向空间。

人非交通,部分借用机动车交叉的竖向空间,未独立成层,但独立路径,与机动车分离。

全互通立交,当量4层,实体三层,机非分行,总体运行条件好。

2)适用条件

该方案占用平面和竖向空间较大,桥梁规模较大。适用于空间条件和城区景观限制不严的情况,适用于主机、辅机和人非交通量均很大且辅机的通道职能突出的情况,也可用于两期叠加工程。

2.5.2.3 辅辅环形

1)方案布置

如图2-50所示,丁字形三岔交叉,主主直连采用双叶形,位于实体层的最高二层,当量2层,实体二层。

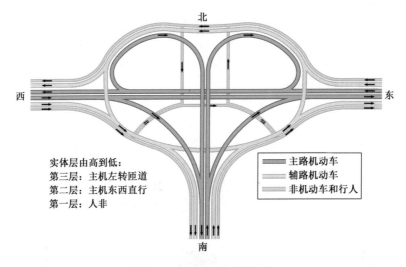

图2-50 主主双叶形、辅辅环形

辅辅直连,于主主双叶形外围布置成环形,位于东西主路之下自成一层,当量1层,实体一层。

人非交通,位于辅机环形之内、之下,当量1层,实体一层。

全互通立交,当量4层,实体三层(辅机环形和人非合计为一个实体层),机非分行。

2)适用条件

该方案占用平面和竖向空间较大,适用于空间条件和城区景观限制不严的情况,适用于主机、辅机和人非交通量均较大的情况,也可用于两期叠加工程。

2.5.3　主主单喇叭形

2.5.3.1　辅辅单喇叭形

1）方案布置

如图 2-51 所示，丁字形三岔交叉，主主直连采用单喇叭形，位于实体二层，当量 2 层。

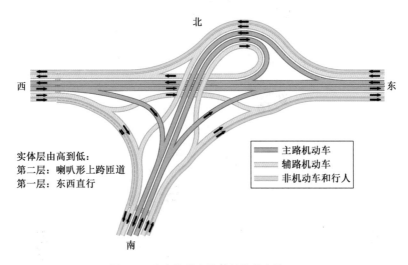

图 2-51　主主单喇叭形、辅辅单喇叭形（一）

辅辅直连亦采用单喇叭形，基本与主机匝道同层，辅机直行按匝道布置，当量 2 层。

人非交通，部分借用机动车交叉的竖向空间，未独立成层，但独立路径，与机动车交通分离。

全互通立交，当量 4 层，实体二层，机非分行。

该方案主机、辅机匝道指标较高，机非分行，总体运行条件好。

2）适用条件

该方案占用平面和竖向空间较大，桥梁规模较大。适用于空间条件和城区景观限制不严的情况，适用于主机、辅机和人非交通量均很大且辅机的通道职能突出的情况。

图 2-52 是图 2-51 的派生方案。东-西方向辅机直行路径，平面顺直、纵面起伏；人非路径略做调整。全互通立交，当量 4 层，机非分行；实体层，交叉中心虽为二层，但主机环形匝道竖向落差近二层，纵面布置稍困难。

2.5.3.2　辅辅环形

1）方案布置

如图 2-53 所示，丁字形三岔交叉，主主直连采用单喇叭形，当量 2 层，实体二层。辅辅直连采用环形,独立一层,当量1层。

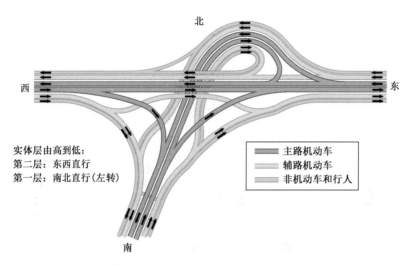

实体层由高到低:
第二层:东西直行
第一层:南北直行(左转)

主路机动车
辅路机动车
非机动车和行人

图 2-52　主主单喇叭形、辅辅单喇叭形(二)

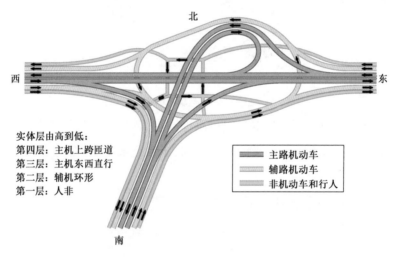

实体层由高到低:
第四层:主机上跨匝道
第三层:主机东西直行
第二层:辅机环形
第一层:人非

主路机动车
辅路机动车
非机动车和行人

图 2-53　主主单喇叭形、辅辅环形

人非交通,采用小环形(或普通平交),位于辅机环形之内,更接近地面,当量1层,实体一层。全互通立交,当量4层,实体四层,机非分行。

2)适用条件

该方案占用平面和竖向空间较大,桥梁规模较大。适用于空间条件和城区景观限制不严的情况,适用于主机、辅机和人非交通量均较大的情况。

2.5.4　主主梨形

1)方案布置

如图2-54所示,丁字形三岔交叉,主主直连采用梨形交叉,当量1层,实体二层。

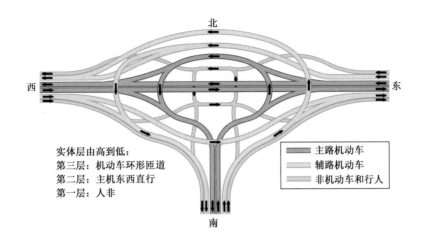

图 2-54 主主梨形、辅辅直连式

辅辅直行交通横向拉开，之间连接采用外转弯半直连匝道，当量 2 层，实体层基本借用主机竖向空间，未单独计列。

人非交通，采用小环形（或普通平交），小环形位于交叉中心，更接近地面，当量 1 层，实体一层。

全互通立交，当量 4 层，实体三层，机非分行。

2）适用条件

该方案形式对称简明，互通占用平面和竖向空间较大，桥梁规模较大。适用于空间条件和城区景观限制不严的情况，适用于主机、辅机和人非交通量均较大且辅机的通道职能突出的情况，也可用于两期叠加工程。

分 散 布 置

主机与主机交叉连接当量 2 层，辅机与辅机交叉连接当量 2 层，还有人非交通，都集中在交叉中心一点布置，占据的竖向空间大，有的项目往往难以满足要求。将上述三类交通分散两点布置，占用的平面空间大，但竖向空间紧张的矛盾得以缓解。

2.5.5 双喇叭形

如图 2-55 所示，主主直连，以单喇叭形式布置在东北象限，当量 2 层，实体二层；辅辅直连，亦以单喇叭形式布置在东北象限，当量 2 层，实体二层。人非交通，未独立成层，独立路径在西南象限穿行。全互通立交，当量 4 层，实体二层，机非分行。

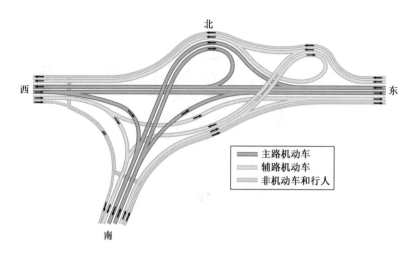

图 2-55 双喇叭形(一)

该类双喇叭方案适用于平面空间宽裕、竖向空间紧张的情况,适用于主机、辅机和人非交通量均很大且辅机的通道职能突出的情况,也可用于两期叠加工程。

如图 2-56 所示,主主直连,以单喇叭形式布置在东北象限,当量 2 层,实体二层;辅辅直连,以单喇叭形式布置在西北象限,当量 2 层,实体二层。人非交通,未独立成层,独立路径在互通区穿行。

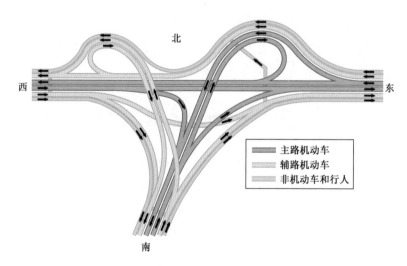

图 2-56 双喇叭形(二)

全互通立交,当量 4 层,实体二层,机非分行。

该类双喇叭方案适用于平面空间宽裕、竖向空间紧张的情况,适用于主机、辅机和人非交通量均很大且辅机的通道职能突出的情况,也可用于两期叠加工程。

2.5.6 单喇叭+梨形

如图 2-57 所示,主主直连,以单喇叭形式布置在东北象限,当量 2 层,实体二层;辅辅直连,以梨形交叉布置在左部交叉中心,当量 1 层,实体二层。人非交通在环形交叉之下,独立一层。全互通立交,当量 4 层,实体三层,机非分行。

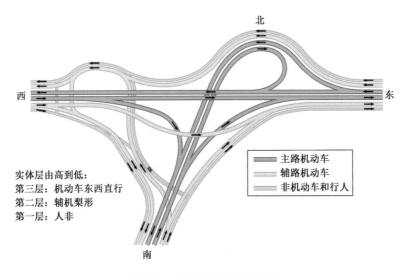

图 2-57 主主单喇叭形、辅辅梨形

该方案占用平面和竖向空间较大,桥梁规模较大。适用于空间条件和城区景观限制不严的情况,适用于主机交通量较大、辅机交通量中等及偏小、人非交通量大的情况。

2.5.7 小结(三岔交叉-当量 4 层方案布置要领)

当量 4 层布置方案,前述各节按照表 2-1 的系统规划,分类进行了论述,基本涵盖了各种情况,小结如下。

(1)当量 4 层方案,体量大,目前建设实例很少见,不宜轻易采用;当多数流向,主、辅机动车转向交通量都很大且辅机的通道职能突出的情况下,空间条件和城区景观限制不严,或者是两期叠加工程,经论证可以采用。

(2)立交方案总体布置,机非混行与机非分行的选择,机非分行路径的选择,须综合考虑交通需求和布置条件等影响因素,详见 1.5.4、1.5.5 节论述。

(3)当量 4 层方案,机动车和人非转向交通量均大,宜首选主主当量 2 层 + 辅辅当量 2 层 + 人非独立路径的布置方案;宜首先考虑集中布置,以节省占地;实体总层数宜尽量少。如图 2-43、图 2-44、图 2-51 所示的方案。

(4)当量 4 层的机非分行示例方案,当地块机动车连接问题无法解决时,可研究在人非路径上增设机动车道的可行性;增设后,机非分行就变成机非混行了。

2.6 当量5层方案

先阅读第1章,便于理解本节内容。

三岔互通立交交叉道路的横断面交通组成,本书以"主机+辅机+人非"形式为对象。

当量5层方案,主主直连当量2层,辅辅直连当量2层,人非独立一层;主主交叉与辅辅交叉,可集中一点布置(2.6.1~2.6.3),也可分散多点布置(2.6.4、2.6.5)。以下分别论述。

集 中 布 置

一座互通立交,实体层布置,一般情况下地面以上最多三层或四层,地面一层,地下最多一层或二层;合计一般最多六层,实际三层或四层多见。

当量5层,主主交叉与辅辅交叉,集中交叉中心一点布置,有时需要的竖向空间较大,方案布置需要总体全面考虑。

2.6.1 主主直连式

三岔交叉主主直连式一般要占用三层实体空间;辅辅连接如果再独立占据三层实体空间,布置难度较大,可以考虑部分借用或共用主主交叉的竖向空间。这里给出两个示例。

1.示例一

1)方案布置

如图2-58所示,丁字形三岔交叉,主主直连采用直连式,当量2层,实体三层。

辅辅直连亦采用直连式,当量2层,2条左转匝道与主机左转匝道傍行;2条右转匝道亦未增加竖向层间;辅机直行交通改为匝道布置,2条直行匝道穿过交叉中心段纵坡稍大,亦未增加竖向层间。

人非交通独立一层,位于贴近地面的层间。

全互通立交,当量5层(主主当量2层+辅辅当量2层+人非当量1层),实体四层,机非分行。

该方案,主主之间和辅辅之间左转均采用指标较高的内转弯半直连匝道,全互通无交织、无冲突,是当量5层布置的高级方案。

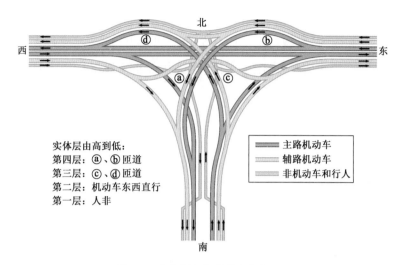

实体层由高到低：
第四层：ⓐ、ⓑ匝道
第三层：ⓒ、ⓓ匝道
第二层：机动车东西直行
第一层：人非

图例：
■■ 主路机动车
■■ 辅路机动车
■■ 非机动车和行人

图 2-58　主主直连式、辅辅直连式(一)

2）适用条件

该方案形式对称简明，互通占用平面和竖向空间较大，桥梁规模较大。适用于空间条件和城区景观限制不严的情况，适用于主机、辅机和人非交通量均很大且辅机的通道职能突出的情况。

2. 示例二

1）方案布置

如图 2-59 所示，丁字形三岔交叉，主主直连采用直连式，外转弯定向匝道，当量 2 层，实体二层。辅辅直连亦采用直连式，外转弯定向匝道，当量 2 层，实体层增加小一层。人非独立一层。

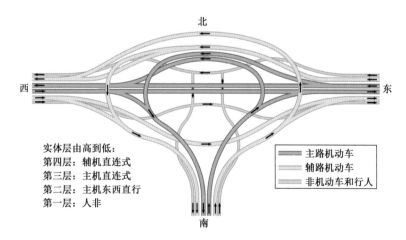

实体层由高到低：
第四层：辅机直连式
第三层：主机直连式
第二层：主机东西直行
第一层：人非

图例：
■■ 主路机动车
■■ 辅路机动车
■■ 非机动车和行人

图 2-59　主主直连式、辅辅直连式(二)

全互通立交，当量 5 层，实体小四层，机非分行。

2）适用条件

该方案形式对称简明,互通占用平面和竖向空间较大,桥梁规模较大。适用于空间条件和城区景观限制不严的情况,适用于主机、辅机和人非交通量均很大且辅机的通道职能突出的情况,也可用于两期叠加工程。

2.6.2 主主双叶形

2.6.2.1 辅辅单喇叭形

1）方案布置

如图2-60所示,丁字形三岔交叉,主主直连采用双叶形,当量2层,实体二层。

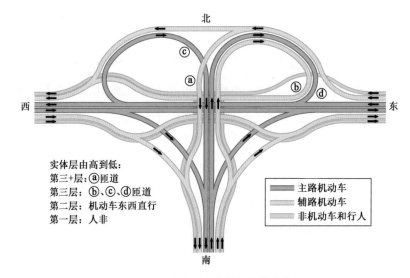

图2-60 主主双叶形、辅辅单喇叭形

辅辅直连采用单喇叭形,部分借用主主交叉的竖向空间,当量2层。

人非交通独立一层,与机动车交通分离。

全互通立交,当量5层,实体大三层,机非分行。所谓大三层,是指交叉中心附近,ⓐ匝道高出未达完整一层。

该方案主机、辅机匝道指标较高,机非分行,总体运行条件好。

2）适用条件

该方案占用平面和竖向空间较大,桥梁规模较大。适用于空间条件和城区景观限制不严的情况,适用于主机、辅机和人非交通量均很大且辅机的通道职能突出的情况,也可用于两期叠加工程。

2.6.2.2 辅辅双叶形

1）方案布置

如图 2-61 所示，丁字形三岔交叉，主主直连采用双叶形，当量 2 层，实体二层。

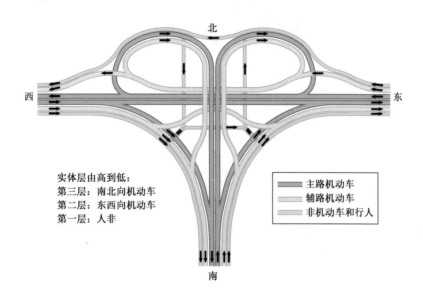

实体层由高到低：
第三层：南北向机动车
第二层：东西向机动车
第一层：人非

主路机动车
辅路机动车
非机动车和行人

图 2-61　主主双叶形、辅辅双叶形

辅辅直连亦采用双叶形，部分借用主主直连的竖向空间，当量 2 层。辅机匝道纵面线形指标稍低。

人非交通独立一层，与机动车交通分离。

全互通立交，当量 5 层，实体三层，机非分行。

该方案主机、辅机匝道指标较高，机非分行，总体运行条件好。

2）适用条件

该方案占用平面和竖向空间稍大，桥梁规模稍大。适用于平面和竖向空间限制不严的情况，适用于主机、辅机和人非交通量均较大的情况。

2.6.3　主主单喇叭形

2.6.3.1 辅辅直连式

1）方案布置

如图 2-62 所示，丁字形三岔交叉，主主直连采用单喇叭形，当量 2 层，实体二层。

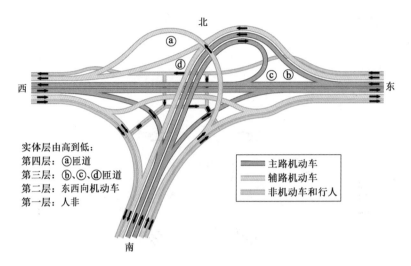

图2-62　主主单喇叭形、辅辅直连式

辅辅直连采用直连式,当量2层;实体层,4条匝道部分借用主主直连竖向空间,部分增加一层。

人非交通独立一层。

全互通立交,当量5层(主主2层+辅辅2层+人非1层),实体四层,机非分行。

该方案机非分行,全互通无交织、无冲突,总体运行条件好。

2)适用条件

该方案占用平面和竖向空间较大,桥梁规模较大。适用于空间条件和城区景观限制不严的情况,适用于主机、辅机和人非交通量均很大且辅机的通道职能突出的情况,也可用于两期叠加工程。

2.6.3.2　辅辅单喇叭形

1)方案布置

如图2-63所示,丁字形三岔交叉,主主直连采用单喇叭形,位于实体层的最高二层,当量2层。

辅辅直连亦采用单喇叭形,基本与主机同层,当量2层。

人非交通独立一层,位于贴近地面的最低层。

全互通立交,当量5层,实体三层,机非分行,总体运行条件好。

2)适用条件

该方案占用平面和竖向空间较大,桥梁规模较大。适用于空间条件和城区景观限制不严的情况,适用于主机、辅机和人非交通量均很大且辅机的通道职能突出的情况。

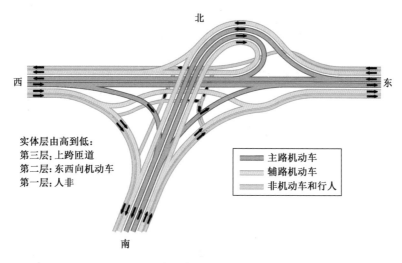

图 2-63 主主单喇叭形、辅辅单喇叭形

分 散 布 置

主机与主机交叉连接当量 2 层,辅机和辅机交叉连接当量 2 层,还有人非交通,都集中在交叉中心一点布置,占据的竖向空间大,有的项目往往难以满足要求。将上述三类交通分散多点布置,占用的平面空间大,但竖向空间紧张的矛盾得以缓解。

2.6.4 双喇叭形

如图 2-64 所示,为分散布置的双喇叭形方案。主主直连,以单喇叭形布置在东北象限,当量 2 层,实体二层;辅辅直连,以单喇叭形布置在西北象限,当量 2 层,实体二层;人非交通,于交叉中心布置,独立一层;全互通立交,当量 5 层,实体三层,机非分行。

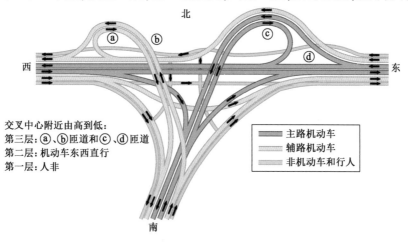

图 2-64 双喇叭形

该方案,机动车流线之间无交织、无冲突,总体运行条件好。

该方案适用于平面空间宽裕、竖向空间紧张的情况,适用于主机、辅机和人非交通量均很大且辅机的通道职能突出的情况,也可用于两期叠加工程。

2.6.5　单喇叭+T形

如图2-65所示,为分散布置的单喇叭+T形方案。

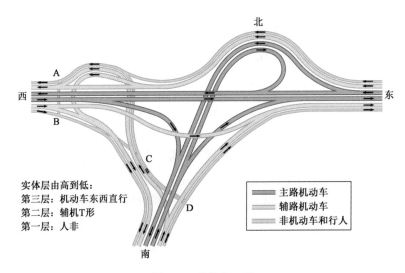

图2-65　单喇叭+T形

主主直连,以单喇叭形布置在东北象限,当量2层,实体二层;辅辅直连,以T形半直连匝道布置在西北象限,当量2层,实体二层;人非交通,以环形布置于西北象限,位于辅机T形之下,独立一层;全互通立交,当量5层,实体三层,机非分行。

该方案,机动车流线之间无交织、无冲突,总体运行条件好。

该方案适用于平面空间宽裕、竖向空间紧张的情况,适用于主机、辅机和人非交通量均很大且辅机的通道职能突出的情况,也可用于两期叠加工程。

2.6.6　小结(三岔交叉-当量5层方案布置要领)

当量5层布置方案,前述各节按照表2-1的系统规划,分类进行了论述,基本涵盖了各种情况,小结如下。

(1)当量5层方案,体量大,目前建设实例很少见,不宜轻易采用;当多数流向,主、辅机动车转向交通量都很大且辅机的通道职能突出的情况下,空间条件和城区景观限制不严,或者是两期叠加工程,经论证可以采用。

(2)立交方案总体布置,选用人非独立一层的机非分行方案,须综合考虑交通需求和布置条件等影响因素,详见1.5.4、1.5.5节论述。

（3）当量5层方案,布置模式均为主主当量2层＋辅辅当量2层＋人非独立层;宜首先考虑集中布置,以节省占地;实体总层数宜尽量少。如图2-58、图2-59、图2-63所示的方案。

（4）当量5层示例方案均为机非分行,当地块机动车连接问题无法解决时,可研究在人非路径上增设机动车道的可行性;增设后,机非分行就变成机非混行了。

3 四岔交叉

先阅读第 1 章,便于理解本章内容。

本章共 7 节。第 1 节为四岔交叉方案布置表,第 2、3、4、5、6 节分别论述当量 1、2、3、4、5 层布置方案,第 7 节论述空间限制条件下的特殊布置方案。

3.1 四岔交叉方案布置表

承第 1 章,对于交通组成均为"主机 + 辅机 + 人非"的四岔交叉,互通立交的当量层方案为 1~5 层。

为系统规划布置方案,须考虑各种转弯连接方式的组合,组合要素划分如下:

(1)全立交匝道连接,只有 1 个要素,简称"匝道直连"。

(2)非全立交匝道连接,有独立匝道一端平交连接、环形匝道连接,平面交叉连接三种情况。

独立匝道一端平交连接,作为 1 个要素,简称"一条主线平交直连"。一般仅适用于当量 1、2 层,不适用于当量 3、4、5 层。

环形匝道连接分实体一、二、三层连接,平面交叉连接也分实体一、二、三层连接。这两种连接方式一共 6 个要素,都对应着不同的布置方案,组合列表过于复杂。为简单起见,将这 6 个要素归并简化为 2 个要素,简称"一层平交环形直连""多层平交环形直连"。

(3)人非交通转弯连接,有 3 个要素,简称"独立一层""独立路径""与辅机同层混行"。

根据上述组合要素划分,各当量层方案组合布置见表 3-1。表中备注"无",指不合理、很少见,本书无此类方案。

四岔交叉立交方案布置表　　表 3-1

当量层	主主是否连接	主主连接方式（当量层数）	辅辅连接方式（当量层数）	人非连接方式（当量层数）	备注
当量1层方案	不直连	—	多层平交环形直连(1)	与辅机同层混行(0)	
		—	多层平交环形直连(1)	独立路径(0)	
		—	一条主线平交直连(1)	与辅机同层混行(0)	
		—	一条主线平交直连(1)	独立路径(0)	
当量2层方案	直连	匝道直连(2)	不连接	独立路径(0)	无
		一层平交环形直连(1)	一层平交环形直连(1)	与辅机同层混行(0)	
		一层平交环形直连(1)	一层平交环形直连(1)	独立路径(0)	
		一层平交环形直连(1)	多层平交环形直连(1)	与辅机同层混行(0)	无
		一层平交环形直连(1)	多层平交环形直连(1)	独立路径(0)	无
		多层平交环形直连(1)	一层平交环形直连(1)	与辅机同层混行(0)	
		多层平交环形直连(1)	一层平交环形直连(1)	独立路径(0)	
		多层平交环形直连(1)	多层平交环形直连(1)	与辅机同层混行(0)	无
		多层平交环形直连(1)	多层平交环形直连(1)	独立路径(0)	无
	不直连	—	匝道直连(2)	与辅机同层混行(0)	
		—	匝道直连(2)	独立路径(0)	
		—	一层平交环形直连(1)	独立一层(1)	
		—	多层平交环形直连(1)	独立一层(1)	
		—	一条主线平交直连(1)	独立一层(1)	无
当量3层方案	直连	匝道直连(2)	一层平交环形直连(1)	与辅机同层混行(0)	
		匝道直连(2)	一层平交环形直连(1)	独立路径(0)	
		匝道直连(2)	多层平交环形直连(1)	与辅机同层混行(0)	无
		匝道直连(2)	多层平交环形直连(1)	独立路径(0)	无
		一层平交环形直连(1)	匝道直连(2)	与辅机同层混行(0)	无
		一层平交环形直连(1)	匝道直连(2)	独立路径(0)	无
		多层平交环形直连(1)	匝道直连(2)	与辅机同层混行(0)	无
		多层平交环形直连(1)	匝道直连(2)	独立路径(0)	无
		一层平交环形直连(1)	一层平交环形直连(1)	独立一层(1)	
		一层平交环形直连(1)	多层平交环形直连(1)	独立一层(1)	无
		多层平交环形直连(1)	一层平交环形直连(1)	独立一层(1)	
		多层平交环形直连(1)	多层平交环形直连(1)	独立一层(1)	无
	不直连	—	匝道直连(2)	独立一层(1)	
当量4层方案	直连	匝道直连(2)	匝道直连(2)	与辅机同层混行(0)	
		匝道直连(2)	匝道直连(2)	独立路径(0)	
		匝道直连(2)	一层平交环形直连(1)	独立一层(1)	

当量层	主主是否连接	主主连接方式（当量层数）	辅辅连接方式（当量层数）	人非连接方式（当量层数）	备注
当量4层方案	直连	匝道直连(2)	多层平交环形直连(1)	独立一层(1)	无
		一层平交环形直连(1)	匝道直连(2)	独立一层(1)	无
		多层平交环形直连(1)	匝道直连(2)	独立一层(1)	无
当量5层方案	直连	匝道直连(2)	匝道直连(2)	独立一层(1)	

3.2 当量1层方案

当量1层布置方案,是城市立交方案中最低级别方案。因只有1个当量层,交叉道路交通组成为"主机＋辅机＋人非"的,主路与辅路机动车大多合并转弯;交叉道路交通组成为"机动车＋人非"的,自然适用。

四岔交叉当量1层布置方案,常见的有平面交叉类、环形交叉类、独立匝道一端平交类。交叉整体为实体一层的,属于平面交叉范畴;这里的当量1层立交方案,是指实体多层情况。

平面交叉类,转弯交通按通常十字形平交布置,直行交通另层直过,全立交实体二层或三层。

环形交叉类,转弯交通按通常环形平交布置,直行交通另层直过,全立交实体二层或三层。

独立匝道一端平交类,即3.1节的一条主线平交直连类。两条交叉道路主线直行交通立体交叉,占据实体二层;匝道一端与一条主线连接存在平面交叉,匝道与另一条主线为立交连接。互通立交实体一般为二层,如菱形、部分苜蓿叶形、喇叭形等。

为编排简明起见,以下直接按平面构形分节论述。

3.2.1 平面交叉类

3.2.1.1 四岔平面交叉简述

一个城市立交总体方案中,某一层或某一局部可能采用实体一层平面交叉。

四岔平面交叉,实体一层,常见布置方案如图3-1所示,图3-1a)为十字形(普通形);图3-1b)为井字形,多是因交叉中心区域有障碍物,无法按普通十字形布置而成。

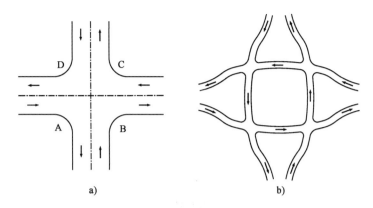

图 3-1 十字形和井字形平交

图 3-1a)的十字形平交,视线条件好,转弯路径直捷,采用信号控制,通行规则简明,运行效果好。适用于主干路、次干路、支路等各级道路之间交叉,规划通行能力上限可达5000pcu/h 左右。

该十字形方案,交叉中心区需要一块视野开阔的方形平面(ABCD),以便车辆平交转弯。对于常见的地面实体一层十字形平交,方形平面是自然形成的;对于数层布置的互通立交,其间的某一层拟定为平交层时,该方形平面的构建往往受到限制,具体如下:

(1)当平交层位于数层的顶层时,该方形平面范围均须采用桥梁结构构建。

(2)当平交层位于地面以上又非顶层时,首先是其上桥梁的桥跨布置和桥墩设置要统筹考虑该方形平面构建,其次是该方形平面范围均须采用桥梁结构。

(3)当平交层位于地面层时,该方形平面的构建,主要受制于上跨桥梁的桥跨布置和桥墩设置。

(4)当平交层位于地面以下的下挖层时,实例中采用独立下挖环道、环道所围为路基实体的情况最多。这时要构建该方形平面(采用十字形平交方案),需要将中间路基实体改为桥梁,而且桥跨布置和桥墩设置还要统筹考虑。

图 3-1b)的井字形平交,中部一般有障碍物,视线略受遮挡,转弯路径稍长,运行效果亦可。从信号控制的角度,井字形内围成方形的几何布置需要特殊考虑,尽量使得左转待行蓄车数量大致与该左转相位时长相匹配。一般地,内围有效边长(左转待行车道长度)约为50m 时,横向需设置 2 条左转待行车道;内围有效边长约为 100m 时,横向可设置 1 条左转待行车道;宜尽量设置 2 条左转待行车道。

综上,多层互通立交中的平交层,宜统筹道路和桥梁,尽量布置成普通十字形平交;布设条件受限时,也可布置成井字形或其他形式。

3.2.1.2 实体二层

1）方案布置

如图 3-2 所示,十字形四岔交叉,实体二层平交方案。东西向主机和辅机直行一层,南北向机动车和人非直行及所有转弯交通同一层平交,一般采用信号控制。南北向机动车主机与辅机两块板的,须提前合并成一块板,以便于转弯车辆运行。

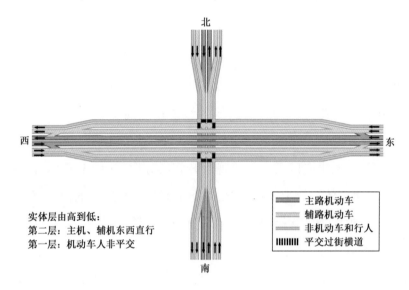

实体层由高到低:
第二层:主机、辅机东西直行
第一层:机动车人非平交

图例:
- 主路机动车
- 辅路机动车
- 非机动车和行人
- 平交过街横道

图 3-2　十字形立交(一)

全互通立交,机动车之间平面交叉连接,当量 1 层,实体二层。

该方案,主机之间无直接连接匝道,其交通转换须经"主辅合并转弯"完成,详见 1.5.1 节。

2）适用条件

该方案占用平面和竖向空间小,全互通仅一座分离立交桥。该方案适合于平面和竖向空间受限情况,适合于东西向直行机动车交通量大、南北向直行和所有转向交通量中等及偏小的情况。

图 3-3、图 3-4、图 3-5,是图 3-2 方案的变形方案。

图 3-3 方案与图 3-2 方案的差别之一,是东西向辅机直行未随主机直过。

东西向高架层,因纵坡原因,非机动车和行人的直行交通,一般不随过。辅机直行是否随过,须具体分析。如直行量较大,宜随主机同过;如直行量不大,且于互通前后可方便进出主路(图中未示),可不随过,以减小桥梁规模。

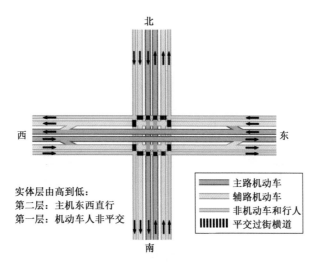

图 3-3 十字形立交（二）

图 3-3 方案与图 3-2 的差别之二,是南北向机动车为主、辅两块板布置,多见于快速化改造之后的城市干道。该方案交叉范围内车辆运行复杂,如西向北左转车流末端,存在主机和辅机两个目标,该左转车流在交叉口范围内存在交织;南北向直行车流,也存在主机与辅机之间交织。这种交织情况严重时,交叉口车辆运行不畅,宜提前将主机和辅机合并成一块板。

图 3-4 方案与图 3-3 的差别在于南北向交叉道路的机动车横断面布置,该方案机动车一块板布置,没有主、辅之分,该种情况在十字形交叉实例中多见。

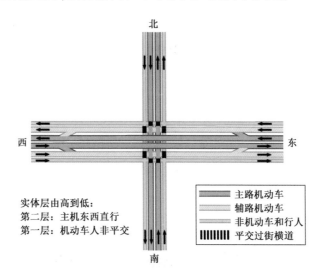

图 3-4 十字形立交（三）

图 3-5 是将图 3-4 机非混行方案调整为机非分行方案;人非交通采用独立路径(非独立一层),与机动车分离。

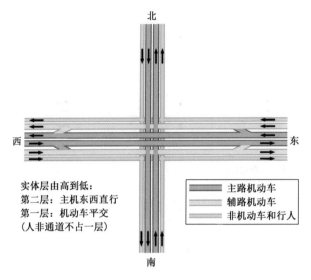

图 3-5　十字形立交(四)

3.2.1.3　实体三层

承前实体二层平面交叉方案,实体三层平面交叉方案差异论述如下:

1)方案布置

如图 3-6 所示,十字形交叉,辅机十字形平交。两交叉道路直行交通占据实体第一、三层,十字形平交位于第二层。全互通立交,当量 1 层,实体三层,机非混行。

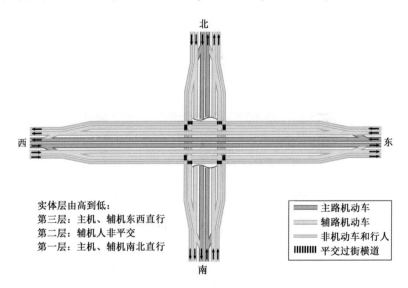

图 3-6　十字形立交(五)

第二层的平交层,机动车仅有转弯交通,人非交通直行和转弯均有。

2）适用条件

该方案适合于平面空间严重受限情况,适合于两条交叉道路直行交通量较大、转向交通量较小的情况。

如图3-7所示,当人非交通量较大时,人非交通可以部分借用机动车竖向层间,采用独立路径与机动车分离。图中第二层平交层仅供机动车转弯行驶;南北向人非直行借用机动车竖向层间,东西向人非交通移位新建下穿通道。

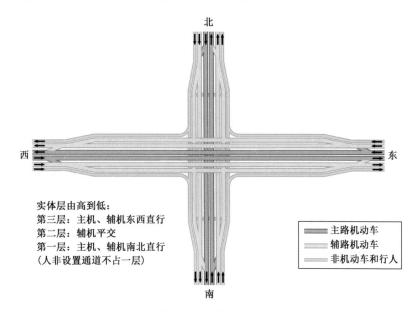

图 3-7 十字形立交(六)

图3-7方案,当量1层,实体三层,机非分行(人非独立路径)。

3.2.2 环形交叉类

3.2.2.1 四岔环形平交简述

一个城市立交总体方案中,某一层或某一局部可能采用实体一层环形平交。四岔环形平交,实体一层,常见布置方案如图3-8所示,图3-8a)为典型的环形布置方案;图3-8b)为菱形方案,多是因交叉中心区域有特殊障碍物所致,较少应用。

四岔环形平交,规划通行能力上限约2000pcu/h,一般适用于城市支路与支路之间交叉,不宜用于干路之间交叉。

环形平交布置的基本思路是不设信号控制,车辆进出遵守一定规则连续通行。我国环形平交的通行规则为:①进(环岛)让出(环岛);②外让内;③转弯让直行;④后车让前车;⑤小车让大车。

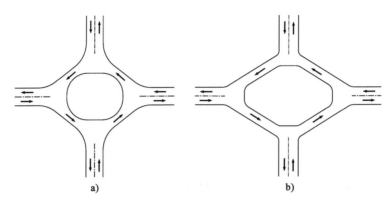

图3-8 四岔环形平交

我国城市交通情况复杂,交通量大,机非混行严重,驾驶人员和行人规则意识有待提高,这些因素叠合在紧张局促的环岛上,往往使上述通行规则难以顺畅落实,导致我国环形平交的实际运行效果普遍不佳。有的环岛开通后,不得已增设信号控制,而信号控制显然不如普通十字形平交方案;有的甚至拆除环岛重建普通平交或互通立交。

因此,互通立交布置方案中,采用环形平交方案须慎重。

3.2.2.2　实体二层

1)方案布置

(1)几何。

如图3-9所示,十字形四岔交叉,辅辅环形交叉方案。东西向主机和辅机直行一层,南北向机动车和人非直行及平交转弯一层。

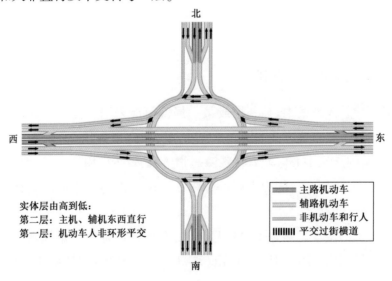

实体层由高到低:
第二层:主机、辅机东西直行
第一层:机动车人非环形平交

	主路机动车
	辅路机动车
	非机动车和行人
	平交过街横道

图3-9 辅辅环形(一)

全互通立交,辅辅环形交叉连接,当量1层,实体二层。

图中南北向交叉道路:城市道路中环形交叉,地面层的交叉道路单向机动车大部分为一块板,即没有主、辅之分;少数主机与辅机两块板的,须提前合并成一块板,以便转弯车辆的流出和流入。

(2)交通。

主机之间无直接连接匝道,其交通转换须经"主辅合并转弯"完成,详见1.5.1节。

辅机之间南北向的左、直、右交通均经环道运行;东西向,左、右转弯交通须经环道运行。

人非交通,左、直、右均在环道上完成。

2)方案特点

该方案形式对称简明;互通占用平面空间和竖向空间小。

该方案交通流线方向简明,但环形交叉通行条件紧张,实际运行效果不佳。一是机动车短距离交织;二是机动车与人非之间存在平面冲突;三是环道通行能力低,交通量大时,时常出现运行瘫痪情况,不得已增设信号控制。

3)适用条件

该方案适合于平面和竖向空间受限情况,适合于南北向机动车直行交通量和互通总转向交通量均不大的情况,在城市互通立交建设早期采用较多,仍有现实应用实例。但新建方案中,交通量大的交叉点,不宜轻易采用。

图3-10与图3-9方案的差别在于辅机东西向直行没有直过。

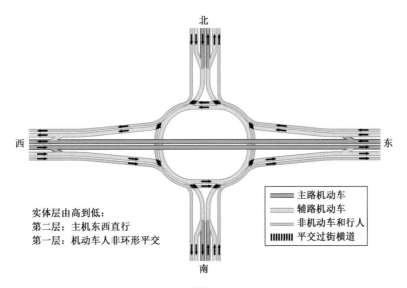

实体层由高到低:
第二层:主机东西直行
第一层:机动车人非环形平交

▬▬▬	主路机动车
▬▬▬	辅路机动车
▬▬▬	非非机动车和行人
‖‖‖	平交过街横道

图3-10　辅辅环形(二)

东西向高架层,因纵坡原因,非机动车和行人的直行交通,一般不随过。辅机直行是否随过,须具体分析。如直行量较大,宜随主机同过;如直行量不大,且于互通前后可方便进出主路(图中未示),可不随过,以减小桥梁规模。图3-10就是不随过的布置。

3.2.2.3 实体三层

承前实体二层环形交叉方案,实体三层环形交叉方案差异论述如下:

1)方案布置及特点

如图3-11所示,十字形交叉,辅辅环形交叉方案。两交叉道路机动车直行交通占据实体第一、三层,环形平交位于第二层。全互通立交,当量1层,实体三层。

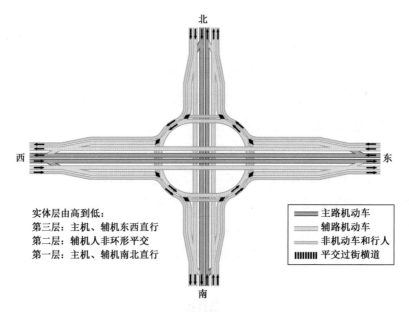

实体层由高到低:
第三层:主机、辅机东西直行
第二层:辅机人非环形平交
第一层:主机、辅机南北直行

图例:
— 主路机动车
— 辅路机动车
— 非机动车和行人
‖‖‖ 平交过街横道

图3-11 辅辅环形(三)

实体三层的环形方案中,中间环形平交层,机动车仅有转弯交通,人非交通直行和转弯均有;机动车交通存在交织,机非之间存在冲突。

2)适用条件

该方案适合于平面和竖向空间紧张的情况,适用于两条交叉道路直行机动车交通量均较大、转向交通和人非交通中等及偏小的情况。

3.2.3 菱形

非全立交匝道连接方式,一条主线平交类,常见立交方案有菱形、部分苜蓿叶形、单喇叭形。本节论述菱形方案。

菱形互通立交,一般有常规式、集中式、换幅式、辅路式和分裂式五种形式,如图3-12、图3-13、图3-14(未示人非交通)所示,两条交叉道路中,匝道与地面交通为主的一条(图中为CD、EF)连接,采用平面交叉。

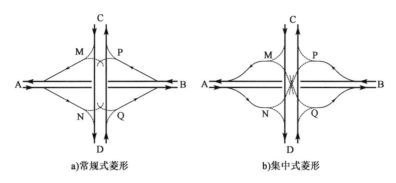

a)常规式菱形　　　　　　　　　b)集中式菱形

图3-12　菱形互通立交(一)

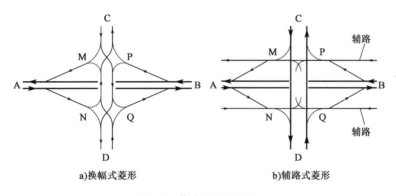

a)换幅式菱形　　　　　　　　　b)辅路式菱形

图3-13　菱形互通立交(二)

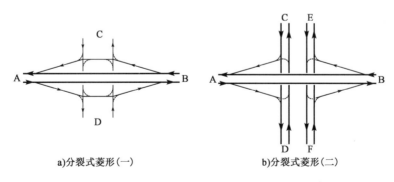

a)分裂式菱形(一)　　　　　　　b)分裂式菱形(二)

图3-14　菱形互通立交(三)

以常规式菱形多见。菱形立交的主要优点是,主要道路(图中AB)上流出、流入线形指标高,匝道转弯路径短捷,立交占地面积小。

3.2.3.1 方案比较

常规式菱形:互通区有 8 条机动车转弯流线,4 左 4 右,分两个平交点布置。交通信号互通区一体控制,各方向交通通行能力与信号配时方案直接相关,信号相位设置与两平交点间距和左转待行车道布置相关,一般情况下,3 相位较优;宜通过信号配时消除交通冲突。常规式菱形在运行实例中较常见。

集中式菱形:互通区也是 4 左 4 右 8 条机动车转弯流线。集中式方案平面布置更紧凑,4 条左转流线集中于一点布置,且对称方向的两左转流线(NC 与 PD、CQ 与 DM)不冲突,可同相位通行,互通区信号控制可直接按 3 相位布置。集中式菱形占地一般略优于常规式菱形,信号配时略逊于常规式菱形(同为 3 相位比较)。

换幅式菱形:为了消除左转流线交通冲突,道路 CD 在平交区段左、右换幅,换幅通过两次十字形平面交叉完成。换幅之后,原左转流线变为左侧出入;CD 主线左、右换幅形成的两个十字形平交,统筹设置两个直行大相位即可。通过直行交通换幅,平交区消除了转弯交通冲突,总体通行效率有所提升。换幅式菱形在运行实例中罕见。

辅路式菱形:是在常规式菱形基础上,增加辅路直行交通,平交区相当于把一个十字形平交横向拉开布置了。增加了辅路直行交通,信号统筹控制也可优化为 3 个相位,互通立交转向交通转换能力不低。辅路式菱形在城市立交中多见。

分裂式菱形方案,如图 3-14 所示,多是由于一条交叉道路(图中南北向)受现状条件限制,超常规布置。图 3-14a)是一条交叉道路左、右幅横向拉开布置,交叉中心呈环形;图 3-14b)是横向相距较近的两条道路,各负责与东西主路的一个方向连接。

分裂式菱形以外的 4 种方案,其转向交通通行能力,当左转交通布置方案不完善(左转待行车道不足、信号相位多)的情况下,换幅式通行能力最强,集中式次之,常规式和辅路式稍弱;当左转待行车道布置和信号配时方案完善时,各方案总体通行能力相当。方案取舍需要综合各种影响因素。

3.2.3.2 平交部分几何布置

常规式菱形,平交部分几何布置,如图 3-15 所示,论述如下。

1)平交点间距

两平交点间距 MN,主要考虑信号控制和左转待行车道设置,取 60～160m 为宜。

2)左转待行车道

(1)被交路。

常规式菱形立交中心区段,被交路需要设置左转待行车道,图 3-15 中,CD/DC 方向各设置了 2 条左转待行车道。左转待行车道布置方案还有几种,如图 3-16 所示。

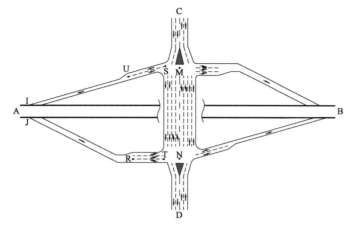

图 3-15　平交部分示意图(常规式菱形)

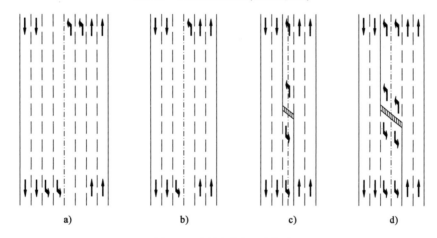

图 3-16　左转车道布置示意图

方案 a,单向左转待行设置双车道,如图 3-16a)所示;

方案 b,单向左转待行设置单车道,如图 3-16b)所示;

方案 c,双向共设置 1 条左转待行车道,各用一半长度,如图 3-16c)所示;

方案 d,双向共设置 2 条左转待行车道,各用一半长度,如图 3-16d)所示。

一般情况下,宜采用方案 a(MN 较短时)或方案 d(MN 较长时),双车道左转通行能力大,左转相位时长短、直行相位时长长,信号管理灵活,适应性强;左转交通量不大时,可以采用方案 b(MN 较短时)或方案 c(MN 较长时)。

对于近期转向交通量小、不设置信号管理的菱形立交,当远期交叉道路 CD 有拓宽可能或转向交通量较大时,平交部分近期也建议按图 3-15 预留布置。

(2)匝道。

主线出口匝道,临近平交口段,宜设置左转待行车道(最好设置双车道),RT 可取 50 ~

100m,或依交通量计算确定。

主线入口匝道,临近平交口段,宜设置左转流入准备车道(不宜少于双车道),SU 可取 40～90m,或依交通量计算确定。

3)匝道长度

常规式菱形交通流线简单。匝道布置时,宜长一些。入口匝道总长度 SI,最短可按 250m 控制;出口匝道,需要考虑平交信号蓄车,总长度 JRT,最短可按 300m 控制,其中临近平交口蓄车路段 RT,纵坡尽量平缓。

4)信号控制

菱形立交平交区宜采用信号控制。常规式菱形,MN 长度为60～160m、单向设置2 条左转待行车道、按3 相位配时的总体布置方案,相对较优。3 相位为:相位 1,直行 CD/DC;相位 2,左转 AC/DA;相位 3,左转 CB/BD。

MN 长度过短或过长,或者左转待行车道布设不好,也可按3 相位或多相位配时,但总体不如上述方案理想。

辅路式菱形,平交部分几何布置,如图 3-17 所示,论述如下。

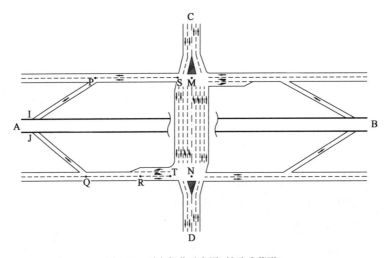

图 3-17 平交部分示意图(辅路式菱形)

(1)平交点间距 MN。

参考常规式菱形。

(2)左转待行车道。

参考常规式菱形。

(3)下匝道落地点到平交口距离。

下匝道落地点到平交口距离 QT,宜尽量长一些,以满足车辆交织和平交信号蓄车需要。最短距离可按 140 ~ 200m 控制。

（4）平交口到上匝道起坡点距离。

平交口到上匝道起坡点距离 SP，宜尽量长一些，以满足车辆交织要求。最短距离，可按 100 ~ 150m 控制，条件受限时不应短于 50m。

（5）信号控制。

菱形立交平交区宜采用信号控制。辅路式菱形，MN 长度为 60 ~ 160m、单向设置 2 条左转待行车道、按 3 相位配时的总体布置方案，相对较优。3 相位为，相位 1：直行 CD/DC；相位 2：直行 + 左转，直行 AB（指辅路）+ 左转 AC + 左转 DA；相位 3：直行 + 左转，直行 BA（指辅路）+ 左转 BD + 左转 CB。

MN 过长，相位配时显然不利；MN 小于 60m 时，可按 4 相位配时，该方案在实例中多见。

3.2.3.3 人非交通路径

菱形立交的人非交通路径，有机非混行、人非独立路径（机非分行）、人非独立层（机非分行）三种布置思路。其中人非独立层需要增加 1 个当量层，立交整体属于当量 2 层方案。本节仅述前两种情况。

如图 3-18 所示，为常规式菱形的人非路径示意。

图 3-18a）为机非混行方案。AB/BA 直行人非交通，平交跨越道路 CD；在平交点，跨越道路 CD 的人非交通，与机动车左转交通同相位（位于其外）通行。机动车匝道坡度取值不宜大，以兼顾好非机动车通行。

图 3-18b）为机非分行方案。人非交通于机动车匝道外围绕行，设置 4 座下穿通道。

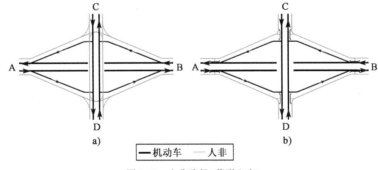

图 3-18　人非路径（菱形立交）

图 3-19、图 3-20 为两个方案布置图，如图 3-19 所示，十字形四岔交叉，菱形方案。东西向主机和辅机直行一层；南北向机动车和人非直行及所有转弯交通同一层平交，机动车有主、辅两块板的，须提前合并成一块板，以便转弯车辆通行。

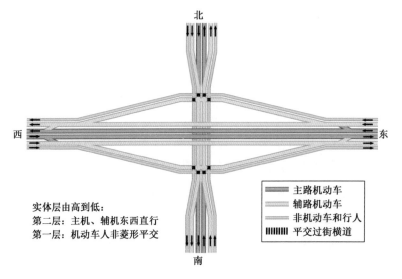

实体层由高到低:
第二层:主机、辅机东西直行
第一层:机动车人非菱形平交

主路机动车
辅路机动车
非机动车和行人
平交过街横道

图 3-19　菱形立交(一)

全互通立交,当量 1 层,实体二层。

主机之间无直接连接匝道,其交通转换须经"主辅合并转弯"完成,详见 1.5.1 节。

东西向辅机转弯交通、人非直行及转弯交通,与南北向各类交通位于一个平面,按平面交叉布置,采用信号控制。

辅机之间,机动车的平交转弯,大部分为信号控制,各平交点并非独立而是整体统一控制。非机动车和行人交通,一般是随机动车信号相位通行,特殊情况两者相位也可不同;机非冲突情况,经过信号分解,可消除或减弱。

辅机直行交通量不大时,图中辅机直行可不随主机立交直过,如图 3-20 所示。

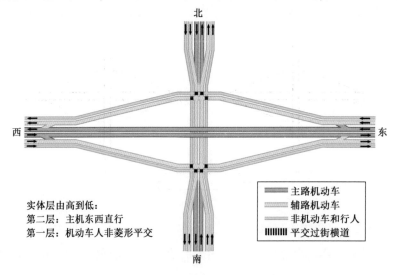

实体层由高到低:
第二层:主机东西直行
第一层:机动车人非菱形平交

主路机动车
辅路机动车
非机动车和行人
平交过街横道

图 3-20　菱形立交(二)

东西向高架层,因纵坡原因,非机动车和行人的直行交通,一般不随过。辅机直行是否随过,须具体分析。如直行量较大,宜随主机同过;如直行量不大,且于互通前后可方便进出主路(图中未示),可不随过,以减小桥梁规模。

平面交叉交通转换效率比立体交叉低。交通组成为"主机 + 辅机 + 人非"两条道路交叉,实际采用图 3-19 和图 3-20 菱形方案的不多,多为受条件限制的情况。

3.2.4 部分苜蓿叶形

部分苜蓿叶形互通立交,一般有三种形式,如图 3-21 所示(未示人非交通),运行实例中三种形式均常见。部分苜蓿叶形方案,两条交叉道路中,匝道与地面交通为主的一条(图中为 CD)连接,采用平面交叉。

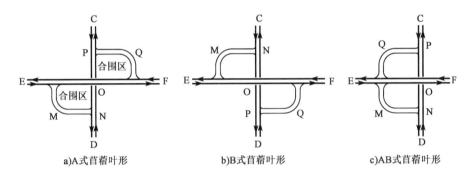

a)A式苜蓿叶形　　　　　b)B式苜蓿叶形　　　　　c)AB式苜蓿叶形

图 3-21　三种苜蓿叶形(一)

部分苜蓿叶形互通的突出优点是,互通区仅设置一座立体交叉桥梁。

图中的三种苜蓿叶形,互通区有 8 条机动车转弯流线,4 左 4 右,分两个平交点布置。交通信号为互通区整体控制,各方向交通通行能力与信号设置方案直接相关,信号相位设置与互通形式、两平交点间距和左转待行车道布置相关,一般情况下,3 相位较优;宜通过信号配时消除交通冲突。

3.2.4.1　方案比较

1)交通流向适应特性

A 式和 B 式,具有交通流向适应特性。当 ED/DE 方向交通量大时,选择 A 式,该二方向交通流线均为右转;当 CE/EC 方向交通量大时,选择 B 式,该二方向交通流线均为右转。

AB 式无此特性。

2)EF 主线流出安全性

从 EF 主线流出接环形匝道的行车安全方面考虑,A 式最优,AB 式次之,B 式最差。

3)信号相位和通行能力

一个信号周期,三个方案均可按 3 相位配时,A 式配时方案略差。

综上所述,三种方案各有特点,取舍须结合项目实际建设条件。

3.2.4.2　方案布置

1)平交点间距

部分苜蓿叶形的两平交点间距(PN),主要与左转交通和信号相位布置相关。

A 式,MC 与 QD 一般难以同相位,总体须 4 相位布置;在 MC 与 QD 分相位情况下,PN 间距宜尽量缩小。当 PN 间距增大到 400~500m 时,MC 与 QD 可同相位,总体按 3 相位布置。

B 式,一般按 3 相位配时,PN 间距和左转待行车道布置可参考常规式菱形方案。

AB 式,一般按 3 相位配时,PN 间距和左转待行车道布置可参考常规式菱形方案。

2)合围区控制

部分苜蓿叶形方案,每种方案均形成两个合围区,就是 EF 主线、CD 主线、相关匝道合围成的半封闭区域。

方案布置时,须做好合围区范围控制。应首先确定合围区范围土地是否征用,征用则合围区范围应尽量减少(当然要满足前述平交点间距要求);不征用则合围区范围宜适当加大,以便于使用。是否征用,须结合合围区范围的土地性质和建筑物分布以及出行要求等因素,经协调沟通后确定;如无其他控制,仅为普通农用地,OP 或 ON 距离大约控制在 250m 以上(平交点间距 PN 控制在 500m 以上),这时不征用合围区土地更易于协调一致。

3)匝道长度

匝道长度,一是考虑平交点停车需求,可按流出点车速及其对应的停车视距取用;二是考虑交通高峰期间蓄车需求(减速匝道),可按高峰小时交通量、信号周期、平均车头间距估算,长度不足时,单向也可按双车道布置。

4)六匝道苜蓿叶形

上述四匝道苜蓿叶形,互通区都有 4 条机动车左转弯流线,存在交通冲突。城市互通立交一般不考虑收费,如再增加两条右转匝道,形成六匝道苜蓿叶形,就可减少两条左转流线,如图 3-22 所示,这对整个互通立交通行效率有较大提升。

增加两条右转匝道,一般容易实施。因此,在不收费前提下,选择部分苜蓿叶形,宜优先推荐六匝道苜蓿叶形。

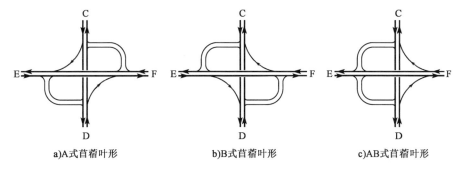

a)A式苜蓿叶形　　　　　b)B式苜蓿叶形　　　　　c)AB式苜蓿叶形

图 3-22　三种苜蓿叶形(二)

5)人非交通路径

部分苜蓿叶形立交的人非交通路径,有机非混行、人非独立路径(机非分行)、人非独立层(机非分行)三种布置思路。其中人非独立层需要增加 1 个当量层,立交整体当划属当量 2 层方案。本节仅述前两种情况。

如图 3-23 所示,为 A 式苜蓿叶形的人非路径示意。

图 3-23a)为机非混行方案。EF/FE 直行人非交通,平交跨越道路 CD;在平交点,跨越道路 CD 的人非交通,一般与机动车左转交通同相位(位于其外)通行;DE(CF 同)左转有两条路径方案,一是在 C 端的平交点左转,二是与机动车环形匝道傍行(图中示意),可依实际情况取舍。当机动车匝道上坡较陡时,非机动车路径可与机动车匝道适当分离。

图 3-23b)为机非分行方案。人非交通于机动车匝道外围绕行,设置 4 座下穿通道,独立路径,与机动车分离。

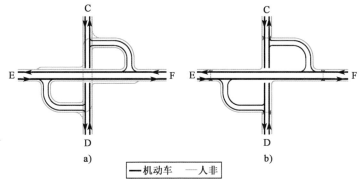

图 3-23　人非路径(A 式苜蓿叶形立交)

3.2.5　喇叭形

如图 3-24a)所示,是单喇叭形方案。单喇叭形在收费公路项目上普遍应用;城市区尤其是城市中心区应用很少,占地面积相对大、人非交通不便。

单喇叭形,互通区有 8 条机动车转弯方向,CD 道路连接集中在一个 T 形平交口,4 条交通流线承担 8 个转弯方向交通。平交口信号控制,一般采用 3 相位布置,以消除交通冲突;CD 直行交通量很大时,也可以研究采用 2 相位配时方案。

图 3-24b)是两条环形匝道的双叶形方案,与单喇叭形类似,故列于此。双叶形公路和城市道路项目均很少见,多是特殊条件限制的情况。

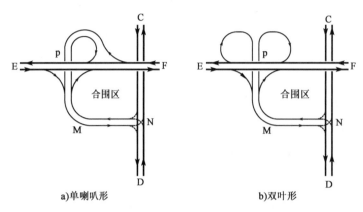

a)单喇叭形　　　　　　　　b)双叶形

图 3-24　单喇叭形和双叶形

3.2.5.1　方案比较

与单喇叭方案相比,双叶形方案几乎没有优势。双叶形方案占地大,并肩环形匝道须在 FE 主线一侧设置集散道,一条环形匝道为安全性差的"B 式"匝道。

实际采用双叶形,多是由于特殊条件限制所致。

3.2.5.2　方案布置

1)左转待行车道

单喇叭形方案(双叶形方案同),互通立交通行能力主要取决于平交口,对于 T 形平交的通行能力,CD/DC 直行交通易于保证,主要难点在于左转交通。为保证左转交通的通行能力,DC 方向 DN 段可设置双车道左转待行车道。匝道 MN 段,一是要保证足够的长度,如不短于 100m;二是要保证足够的车道数,如双向 4~6 车道;具体可依交通量计算。

2)合围区控制

喇叭形方案,也形成一个合围区,控制原则见部分苜蓿叶形方案。合围区为无其他限制普通农用地时,如不征用,PN 距离控制在 300m 以上为宜。

3)人非交通路径

如图 3-25 所示,为单喇叭形立交方案人非交通的一种布置方案。

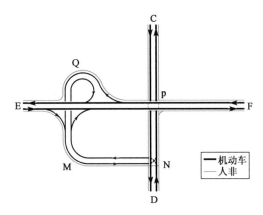

图 3-25 人非路径(单喇叭形立交)

该方案中,人非交通与被交路 CD 机动车交通为平面交叉,采用信号控制。平面交叉分两点布置,N 点完成 EC 左转和 EF 直行,MC 左转相位和机动车同行;P 点设置人非专用相位,完成人非 DE、FD、CF 左转和 FE 直行,P 点人非专用相位可与 N 点的左转相位联动。

单喇叭形立交的人非交通路径,除上述机非混行方案,还有人非独立路径、人非独立层的机非分行方案,可视项目实际情况选用。

3.2.6　三种典型方案比较

如图 3-26 所示,为四岔交叉当量 1 层、一条交叉道路平交连接的三种常见互通立交方案,即单喇叭形、部分苜蓿叶形、菱形,在不收费的前提下,概略比较如下:

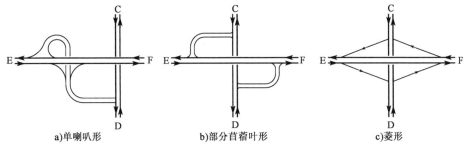

a)单喇叭形　　　　　b)部分苜蓿叶形　　　　　c)菱形

图 3-26 一般互通立交三种常见形式

1)工程造价

菱形和部分苜蓿叶形工程造价相对低,单喇叭形多一座桥梁,造价相对高。

2)占地

菱形互通匝道所围范围,一般情况下需要征地。喇叭形和部分苜蓿叶形的合围区存在是否需要征地的问题。

当合围区不征地时,部分苜蓿叶形占地最小,喇叭形和菱形占地相对大。

当合围区征地时,部分苜蓿叶形占地最大,喇叭形次之,菱形占地最小。

3）机动车交通

（1）通行能力。

影响三种互通立交方案的通行能力的因素中，平交口（而非收费站）是主要制约因素。

机动车通行能力（含转向交通和平交道路主线 CD 直行交通）主要取决于左转待行车道布置和平交区信号控制方案。

当左转待行车道充裕、平交点间距适当的情况下，单喇叭形、部分苜蓿叶形、常规式菱形，均采用 3 相位信号控制，各方案总体通行能力相当。

为保证通行能力和通行安全，三种互通的平交区均应采用信号管理。无信号管理，交通量大时，运行状况不佳，尤其是两个平交点的部分苜蓿叶形和菱形。

（2）EF 主线出入。

主线与 4 条匝道连接，从主线流出和流入的舒适性和安全性看，菱形最优；喇叭形和部分苜蓿叶形相对差，尤其是采用 B 式环形匝道时。

（3）交通流向与方案。

当不同流向的交通量差异显著时，A 式或 B 式部分苜蓿叶形，可根据交通流向分布，选择相应形式，以使交通量大的流向布置为右转匝道。喇叭形、菱形、AB 式部分苜蓿叶形不具有这一特性。

4）人非交通

人非交通转弯一般与平交点机动车同行，三种方案相差不大。

5）综合结论

综合上述因素，在不收费的前提下，上述三类方案中，常规式菱形相对优势。当然，这只是一般性比较结论，具体项目和工点，须结合实际建设条件具体分析。

3.2.7　小结（四岔交叉-当量 1 层方案布置要领）

当量 1 层布置方案，前述各节按照表 3-1 的系统规划，分类进行了论述，基本涵盖了各种情况，小结如下。

1）平面交叉类和环形交叉类

（1）平面交叉类和环形交叉类的当量 1 层方案，实际应用普遍，可见于各类城市的各种道路交叉口，不少是由平面交叉升级改造（直行高架）而成。

（2）这类当量 1 层方案，实体二层方案应用较多，实体三层方案少见。实体二层方案中，图 3-4 方案，占地少，路径简明，实际应用较多。

（3）机动车转弯层平交布置，首选普通十字形平交方案；当平交层无直行交通或总交通量较小时,或因布置条件限制时,可以考虑环形交叉方案。

(4)当量1层,人非独立路径方案,现实中多为梯(坡)道推行路径布置;人力连续骑行路径较少,有条件时可采用。

2)独立匝道一端平交类

一条交叉道路上平交连接的一般互通方案,单喇叭形、菱形、部分苜蓿叶形,通行能力上限基本相当,实际通行能力和通行安全,取决于平交区几何布置和信号设置的协同。宜采用信号管理。即使近期不采取信号管理,平交区几何布置也宜按信号管理进行,以为远期运行改为信号管理提供条件;在几何布置中,左转待行车道宜尽量设置双车道。

综合占地等因素,单喇叭形、部分苜蓿叶形、菱形三种方案,菱形方案具有优势。城市中心区更是如此,一般选择菱形,不选择单喇叭形和部分苜蓿叶形。

3.3 当量2层方案

先阅读第1章,便于理解本节内容。

四岔互通立交交叉道路的横断面交通组成,本书以"主机+辅机+人非"形式为对象。

当量2层布置方案,占用的平面和竖向空间小,城市立交应用不少。按主主直连(3.3.1、3.3.2)和主主不直连(辅辅直连)(3.3.3~3.3.10)两种情况分别论述。

主 主 直 连

当量2层布置方案,当量层数有限,主主直连如采用立交匝道连接(当量2层),辅机之间连接就很困难了,所以主主直连仅考虑当量1层的连接方案。

3.3.1 主主环形交叉

如图3-27所示,是主主环形交叉、机非混行的一种布置方案。

1)方案概述

图中为十字形四岔交叉,主主直连,采用环形交叉,当量1层,实体二层;辅机和人非亦采用环形交叉,同层混行,当量1层。全互通立交,当量2层,实体三层,机非混行。

主机环形交叉,交通量大时须采用信号控制;辅机和人非环形平面交叉,交通量大时也须采用信号控制。

2)适用条件

该方案适合于平面空间紧张的情况,适合于主机转弯、辅机和人非交通量中等及偏小的情况。

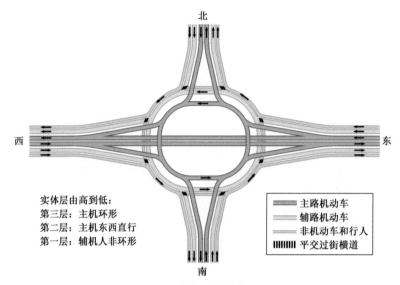

实体层由高到低:
第三层:主机环形
第二层:主机东西直行
第一层:辅机人非环形

▬▬	主路机动车
▨▨	辅路机动车
▬▬	非机动车和行人
‖‖‖‖	平交过街横道

图 3-27 主主环形、辅辅环形

3.3.2 主主十字形平面交叉

1. 方案一

如图 3-28 所示,是主主十字形平面交叉连接的一种布置方案。

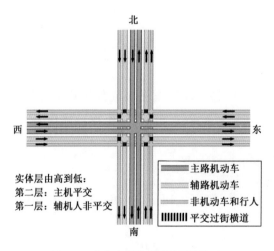

实体层由高到低:
第二层:主机平交
第一层:辅机人非平交

▬▬	主路机动车
▨▨	辅路机动车
▬▬	非机动车和行人
‖‖‖‖	平交过街横道

图 3-28 主主十字形、辅辅十字形(一)

1)方案概述

图中方案为四岔交叉,主主直连,采用十字形平面交叉,当量 1 层,实体一层;辅机和人非同一层,十字形平面交叉,当量 1 层,实体一层。

全互通立交,当量 2 层,实体二层。

主机平面交叉,采用信号控制;辅机和人非,同一层平面交叉,采用信号控制,辅机与人非的交通冲突,经信号分解后,可以消除或减弱。

2)适用条件

该方案适合于平面和竖向空间很紧张的情况,适合于主机、辅机和人非交通量中等及偏小的情况。

2. 方案二

如图 3-29 所示,是主主十字形平面交叉连接的另一种布置方案。

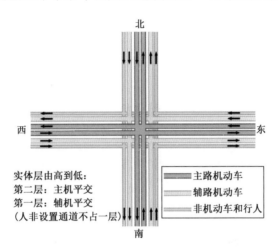

图 3-29　主主十字形、辅辅十字形(二)

1)方案概述

图中为四岔交叉,主主直连,采用十字形平面交叉,当量 1 层,实体一层;辅机直连,亦采用十字形平面交叉,当量 1 层,实体一层;人非交通,独立路径(未独立成层),与机动车分离。

全互通立交,当量 2 层,实体二层。

该方案主机和辅机均采用平面交叉,采用信号控制。人非交通独立路径,机非分行。

2)适用条件

该方案适合于平面和竖向空间很紧张的情况,适合于主机和辅机交通量中等或偏小、人非交通量大的情况。

机动车两层均平交的方案实际并不多见,将图 3-29 方案调整为机动车平交一层 + 人非一层,也是不错的布置方案,详见后续辅辅十字形论述。

主主不直连(辅辅直连)

主主不直连(辅辅直连),主主之间的交通转换可通过"主辅合并转弯"实现,详见1.5.1节。

主主不直连(辅辅直连)的布置方案,对交叉道路单向横断面只有"机动车+人非"两种交通组成的情况显然也适用。

主主不直连(辅辅直连)的方案,以下按机非混行(3.3.3~3.3.5)和机非分行(3.3.6~3.3.10)分别论述。

3.3.3　辅辅直连式

1)方案布置及特点

(1)几何。

如图3-30所示,为四岔交叉辅辅直连式方案。

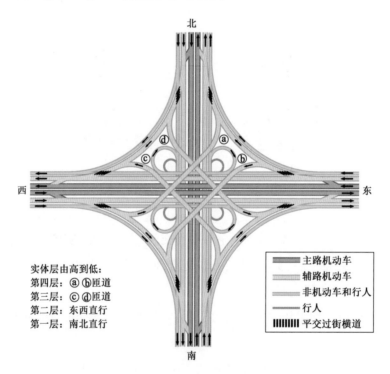

实体层由高到低:
第四层: ⓐ ⓑ匝道
第三层: ⓒ ⓓ匝道
第二层: 东西直行
第一层: 南北直行

	主路机动车
	辅路机动车
	非机动车和行人
	行人
	平交过街横道

图3-30　四岔交叉辅辅直连式

主主不直连,辅辅直连,采用直连式方案,当量2层,实体四层,左转匝道位于最高二层;人非交通采用全苜蓿叶形,与辅机交通有冲突,受人非匝道纵坡控制,人非交叉借用的机动车直行二层一般布置在低层。

全互通立交,当量2层,实体四层,机非混行。

(2)交通。

互通区内,机动车交通无法掉头。辅机转弯与直行非机动车和直行行人之间的交通冲突点,较全苜蓿叶形减半,全互通辅机与非机之间冲突点、辅机与人行之间冲突点,均由

16个减为8个。

直连式方案,是四岔机动车互通连接的高级方案,桥梁规模大,占用竖向层间多。图3-30方案的辅机内转弯定向匝道,线形指标虽然较高,但与人非交通存在冲突,故通行效率和安全性不高。

该方案机非混行,总体上不尽合理。

2)适用条件

该方案适合于平面和竖向空间不受限、附近地块多在转弯匝道端部以外连接的情况,适合于机动车交通量和人非交通量中等及偏小的情况。

3.3.4 辅辅变形苜蓿叶形

1)方案布置及特点

(1)几何。

如图3-31所示,四岔交叉,主主不直连,辅辅直连,采用变形苜蓿叶形方案,两环形匝道对角设置;人非左转交通采用环形匝道,右转与辅机匝道傍行。

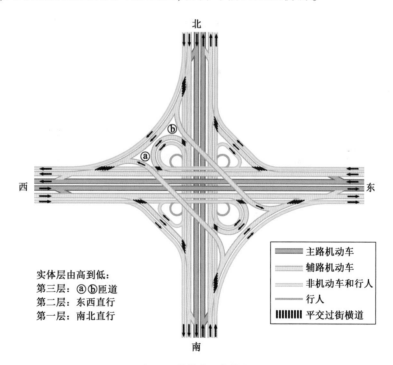

图3-31 辅辅变形苜蓿叶形

全互通立交,当量2层,实体三层,机非混行。

(2)交通。

互通区内,机动车交通无法掉头,人非交通可经两次环形转弯实现掉头。辅机转弯与直行非机动车和直行行人之间的交通冲突点,相比于全苜蓿叶形,西北、东南象限没有变化,东北、西南象限减半。

变形苜蓿叶形方案是高速公路常见方案,城市互通立交辅机连接也有应用。该方案的辅机半直连匝道,优化调整了环形匝道的弊端,但与人非交通之间的交通冲突情况改善不大,总体布置方案也不理想。

2)适用条件

该方案适合于平面和竖向空间不受限、附近地块多在转弯匝道端部以外连接的情况,适合于机动车交通量和人非交通量中等及偏小的情况。

3.3.5　辅辅全苜蓿叶形

1)方案布置

(1)几何。

如图 3-32 所示,四岔交叉,主主不直连。

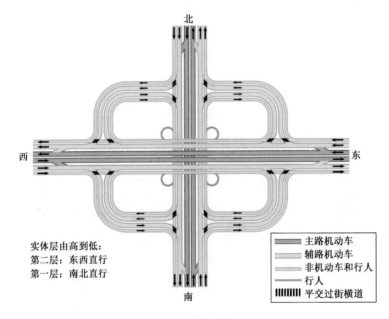

实体层由高到低:
第二层:东西直行
第一层:南北直行

	主路机动车
	辅路机动车
	非机动车和行人
	行人
	平交过街横道

图 3-32　辅辅全苜蓿叶形

辅辅之间采用全苜蓿叶形,设置 8 条匝道实现全方向互通,左转交通均经环形匝道实现。

非机之间设置 8 条匝道,线形与辅机匝道傍行;一般两者同幅、横向无分隔,个别情况横向有分隔甚至局部分离。非机动车适应的路线纵坡小,辅机匝道线形设计时须兼顾。

人行之间亦设置 8 条匝道,右转匝道与非机匝道傍行;左转匝道,如傍行非机动车,绕行较远,一般是在非机动车环形匝道内侧、靠近交叉中心附近,独立设置人行梯(坡)道。

全互通立交,当量 2 层,实体二层。

(2)交通。

主机、辅机、非机、人行的直行交通,均直过互通区。

主机之间无直接连接匝道,其交通转弯须经"主辅合并转弯"完成,详见第 1.5.1 节。辅机之间的左转环形匝道,并肩连接路段存在交织。

辅机转弯与直行非机动车和直行行人之间存在交通冲突。不难看出,一个象限有 4 个辅机与非机冲突点和 4 个辅机与人行冲突点,交通高峰时段,冲突区域往往拥堵,也容易引发事故。

2)方案特点

该方案形式对称简明,占用平面空间稍大,全互通仅一座立交桥梁,占用的竖向空间小。

该方案交通流线简明,总体交通转换效率中等,直行交通路径顺畅,各种交通均可经两次环形转弯实现掉头。

3)适用条件

全苜蓿叶形是经典的布置方案。适合于平面空间宽裕、竖向空间紧张、附近地块多在转弯匝道端部以外连接的情况,适合于机动车交通量和人非交通量中等及偏小的情况。

3.3.6　辅辅直连式

承前机非混行的直连式方案,机非分行的直连式方案差异论述如下:

1)方案布置及特点

如图 3-33 所示,四岔交叉,主主不直连,辅辅直连,采用直连式方案;人非与辅机立体交叉。全互通立交,当量 2 层,实体四层。

辅机匝道无交织、无冲突,机非分行,运行效率高。

2)适用条件

直连式方案,是四岔机动车互通连接的高级方案,桥梁规模大,占用竖向层间多,高速公路和城市互通立交都有应用。

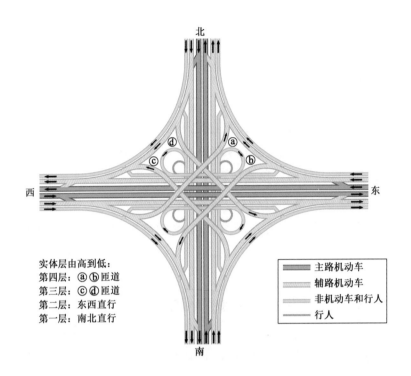

北

西   东

实体层由高到低：
第四层：ⓐ ⓑ匝道
第三层：ⓒ ⓓ匝道
第二层：东西直行
第一层：南北直行

南

图例：
▬▬ 主路机动车
▨▨ 辅路机动车
━━ 非机动车和行人
━━ 行人

图 3-33　辅辅直连式（机非分行）

该方案适合于平面和竖向空间不受限的情况。适合于主机交通量中等、辅机和人非交通量大的情况。

3.3.7　辅辅变形苜蓿叶形

承"辅辅变形苜蓿叶形、机非混行"方案，差异论述如下：

1）方案概述

如图 3-34 所示，四岔交叉，主主不直连，辅机变形苜蓿叶形，环形匝道并肩布置，当量2 层，实体二层；人非交通，部分借用机动车交叉的竖向空间，外围绕行，未独立成层，但独立路径，与机动车交通分离。

全互通立交，当量 2 层，实体二层，机非分行。

2）适用条件

该方案适合于竖向空间受限的情况。适合于主机交通量中等、辅机和人非交通量大的情况。

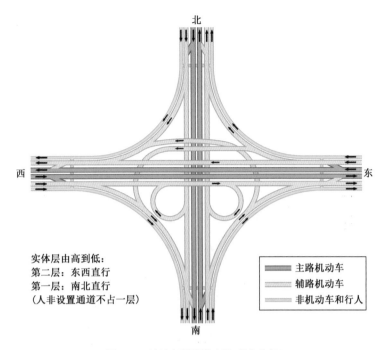

图 3-34　辅辅变形苜蓿叶形（机非分行）

3.3.8　辅辅全苜蓿叶形

辅辅全苜蓿叶形，机非分行，按人非路径不同，有四种常见的布置方式，如图 3-35 ~ 图 3-38所示。

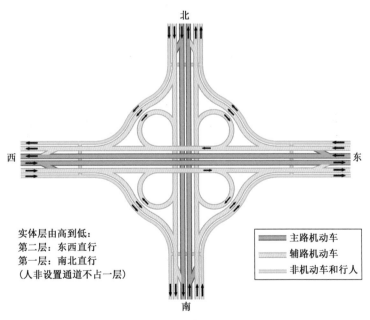

图 3-35　辅辅全苜蓿叶形［机非分行(一)］

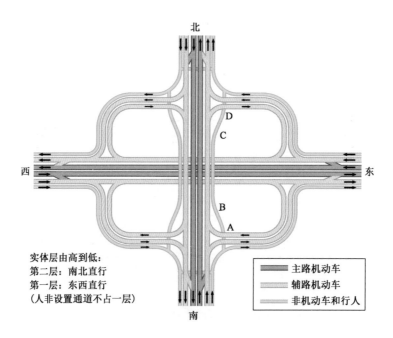

实体层由高到低:
第二层:南北直行
第一层:东西直行
(人非设置通道不占一层)

主路机动车
辅路机动车
非机动车和行人

图 3-36　辅辅全苜蓿叶形［机非分行(二)］

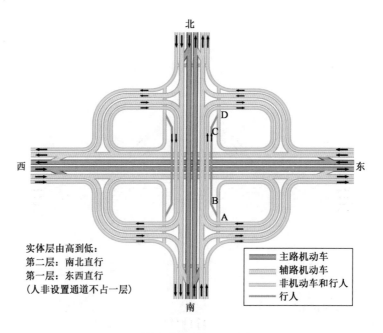

实体层由高到低:
第二层:南北直行
第一层:东西直行
(人非设置通道不占一层)

主路机动车
辅路机动车
非机动车和行人
行人

图 3-37　辅辅全苜蓿叶形［机非分行(三)］

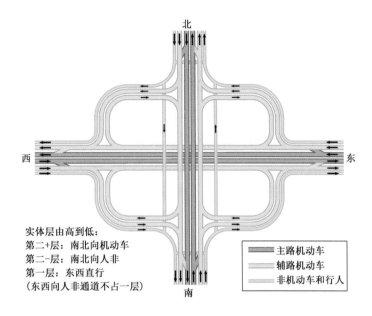

实体层由高到低:
第二+层:南北向机动车
第二-层:南北向人非
第一层:东西直行
(东西向人非通道不占一层)

主路机动车
辅路机动车
非机动车和行人

图3-38 辅辅全苜蓿叶形[机非分行(四)]

这四种布置方案,互通立交主体布置为辅机匝道之间的当量2层(实体亦为二层),人非交通采用独立路径,部分借用机动车交叉的竖向层间,未独立成层,故划至当量2层方案之中。

这四种方案适用于主机转向交通量中等、辅机和人非交通量较大的情况。

图3-35布置方案,辅机全苜蓿叶形平面布置基本呈方形,人非交通在匝道外围下穿交叉道路主线,形成与机动车分行的独立路径。该布置方案运行效果不错。

图3-36布置方案,辅机全苜蓿叶形东西向人非交通在匝道外围下穿交叉道路主线;由于南北向考虑绕行距离远等原因,在互通区交叠穿行(ABCD),交叉中心上跨桥机动车与人非同桥。

该方案AB和CD段,下穿辅机匝道后,须进行陡坡升降才能与机动车跨线桥同桥而过;在AB和CD陡坡段,非机动车一般要下车推行,通行体验不佳。

图3-37布置方案中,为避免图3-36方案人非局部路段陡坡推行弊端,非机动车绕行一周,行人路径不变,仍采用就近陡坡或梯道方案。

该方案非机动车绕行360°,上坡人力骑行稍困难,纵坡须尽量缓和。

图3-38布置方案中,为克服图3-36方案人非局部路段陡坡推行的弊端,将交叉中心的南北向上跨桥,机动车桥适当抬高、相关匝道按纵面要求适当加长;人非桥与其分离设置,使其连接道路纵坡缓和,非机动车可连续骑行通过。该方案各方向人非路径平纵线形好,通行顺畅,虽应用实例少见,但有条件时可采用。

3.3.9　辅辅环形交叉

3.3.9.1　实体二层

四岔交叉,当量 2 层机非分行方案,机动车与人非交通各取 1 个当量层。机动车十字交叉有环形平面交叉和十字形平面交叉两种方案。

如图 3-39 所示,四岔交叉,辅机位于同一层呈环形平面交叉;交叉道路横向,主机与辅机分为两块板的,须提前合并成一块板。人非独立一层。全互通立交,当量 2 层,实体二层。

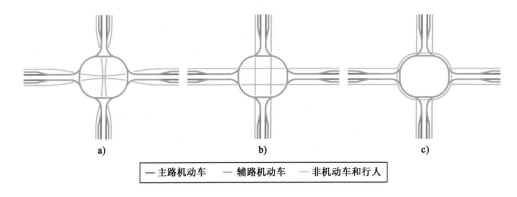

| —主路机动车 | —辅路机动车 | —非机动车和行人 |

图 3-39　辅辅环形(实体二层)

人非交通层于交叉中心呈十字形平面交叉,如图 3-39a) 所示;当人非交通量很大、又不设置信号控制时,人非交通可布置成环形或井字形,如图 3-39b) 所示;当辅机环形中部有控制物无法布置时,人非交通亦可在辅机环形外围呈环形布置,如图 3-39c) 所示。

图 3-39 布置方案中,四岔机动车采用一个环形交叉,左、直、右交通均在环道上通行,交通量稍大,环道就会拥堵瘫痪。因此,该方案适应性不强。

3.3.9.2　实体三层

1)方案布置

(1)几何。

如图 3-40 所示,四岔交叉,主主不直连;辅辅之间环形交叉,当量 1 层,实体二层;人非交通独立一层。全互通立交,当量 2 层,实体三层。

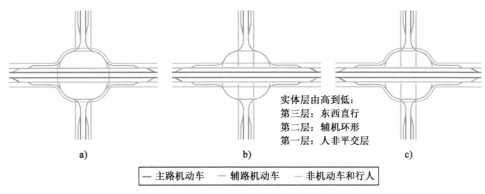

实体层由高到低：
第三层：东西直行
第二层：辅机环形
第一层：人非平交层

——主路机动车　——辅路机动车　——非机动车和行人

图 3-40　辅辅环形（实体三层）

（2）交通。

主主未直连，其交通转换通过"主辅合并转弯"实现，详见第 1.5.1 节。

如图 3-40 所示，东西向主机和辅机直过；南北向上，主机提前与辅机归并；辅机环形匝道承担转弯交通和南北向直行交通。

人非独立层布置在贴近地面的层间，一般位于三层之中的中间层或底层。人非交通与机动车交通分离，互不干扰。

图 3-40a）、b）、c）之间的差别在于人非独立层的布置。图 3-40a）人非层布置在辅机环形匝道外围（或其桥下）；图 3-40b）人非层布置在辅机环形匝道内围；图 3-40c）人非层，一向布置在辅机环形匝道外围，另一向布置在内围。

2）方案特点

该方案形式对称简明；互通占用平面空间小，占用的竖向空间适中。

该方案辅机环形匝道是关键，该环形匝道承担的交通量较大，容易发生拥堵。

3）适用条件

该方案适合于平面空间紧张的情况，适用于南北向直行和总转弯机动车交通量小、人非交通量大的情况。

3.3.9.3　实体四层

图 3-41 方案中，南北向机动车交通量较大时，环形匝道一般难以承载，于是实体再增加一层供南北向直行交通通行。

如图 3-41 所示，四岔交叉，主主不直连；辅辅之间环形交叉，当量 1 层，实体三层；人非交通独立一层。全互通立交，当量 2 层，实体小四层。所谓小四层，指人非一层部分借用了其他竖向层的空间。

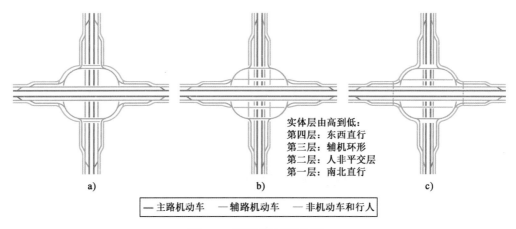

实体层由高到低:
第四层:东西直行
第三层:辅机环形
第二层:人非平交层
第一层:南北直行

a)　　　　　　　　b)　　　　　　　　c)

—主路机动车　—辅路机动车　—非机动车和行人

图 3-41　辅辅环形(实体四层)

该方案适合于平面空间紧张、竖向空间宽裕的情况,适用于两向直行交通量大、机动车转向交通量中等、人非交通量大的情况。

3.3.10　辅辅十字形平面交叉

3.3.10.1　实体二层

如图 3-42 所示,四岔交叉,机动车平交一层,人非平交一层。全互通立交,当量 2 层,实体二层。

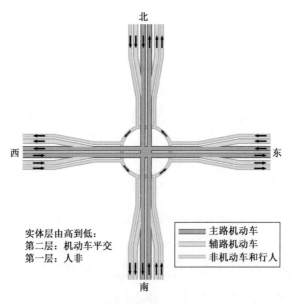

实体层由高到低:
第二层:机动车平交
第一层:人非

主路机动车
辅路机动车
非机动车和行人

图 3-42　辅辅十字形(实体二层)

机动车于一层按普通十字形平面交叉布置;交叉道路横向主机与辅机分为两块板的,须提前合并成一块板。人非交通于另一层按平面交叉布置。

该方案适用于转向交通量中等偏小、人非交通量大的情况。两条交叉道路横向均为主、辅路布置,机动车直行和转弯仅设置平面交叉的方案,比较少见,多适用于竖向空间受限严重的情况。

3.3.10.2 实体三层

1)方案布置

(1)几何。

如图3-43所示,四岔交叉,主主不直连;辅辅之间呈十字形平面交叉,当量1层,实体二层;人非交通独立一层。全互通立交,当量2层、实体三层。

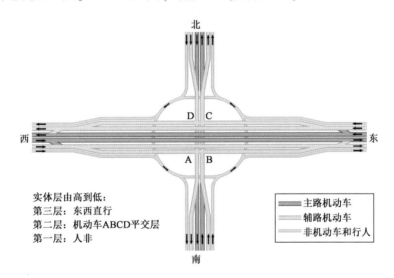

图 3-43　辅辅十字形(实体三层)

辅机十字形平交,设置信号控制,图中 ABCD 平交范围,需要综合桥跨布置等特殊构建。

人非层竖向一般贴近地面,具体设置在哪一层,可视项目条件而定。

(2)交通。

主主未直连,其交通转换通过"主辅合并转弯"实现,详见第1.5.1节。

辅机十字形平面交叉,信号控制易于管理。互通立交机非分行,互不干扰。

2)适用条件

该方案适合于平面空间紧张、竖向空间适中的情况,适用于东西向机动车交通量大、南北向直行和总转弯机动车交通量中等、人非交通量大的情况。

3.3.10.3 实体四层

图 3-44 在图 3-43 方案基础上,增加一层南北向机动车直行。辅机之间,十字形平交,当量 1层,实体三层;人非独立一层。全互通立交,当量2层,实体四层。其他与图3-43方案类同。

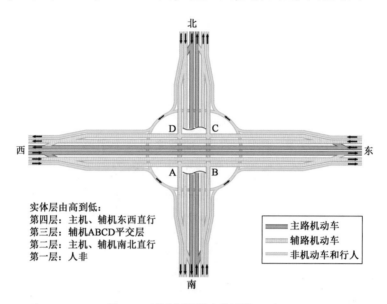

实体层由高到低:
第四层:主机、辅机东西直行
第三层:辅机ABCD平交层
第二层:主机、辅机南北直行
第一层:人非

主路机动车
辅路机动车
非机动车和行人

图 3-44 辅辅十字形[实体四层(一)]

该方案适合于平面空间紧张、竖向空间宽裕的情况,适用于机动车两向直行交通量较大、转向交通量中等及偏小、人非交通量大的情况。

图 3-45 是图 3-44 方案的一种变形,人非层调整到交叉中心、位于辅机平交层之下。

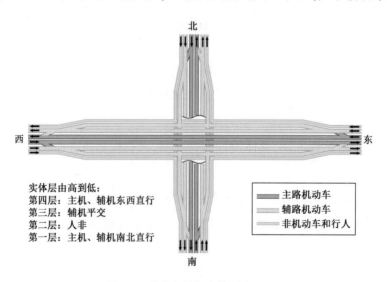

实体层由高到低:
第四层:主机、辅机东西直行
第三层:辅机平交
第二层:人非
第一层:主机、辅机南北直行

主路机动车
辅路机动车
非机动车和行人

图 3-45 辅辅十字形[实体四层(二)]

3.3.11 小结(四岔交叉-当量2层方案布置要领)

当量2层布置方案,前述各节按照表3-1的系统规划,分类进行了论述,基本涵盖了各种情况,小结如下。

(1)立交方案总体布置,机非混行与机非分行的选择,机非分行路径的选择,需综合考虑交通需求和布置条件等影响因素,详见1.5.4、1.5.5节论述。

(2)当量2层方案,虽有不少应用实例,但对主机+辅机+人非交通组成情况,总体适应性不强,实际应用须与当量1层和当量3层方案深入比选后确定。其问题分析如下:

①当量2层,如主主直连,只能采用平交或环形交叉布置,交通转向效率低。

②当量2层,如主主不直连、辅辅直连,主主交通转向(通过辅辅直连间接实现)效率不高。

例如图3-27、图3-28,主主直连采用平交或环形交叉的当量2层方案,需要与直行交通立交直过的当量1层方案深入比选。

例如图3-32类辅机匝道直连、机非混行的当量2层方案,交通量大时混行效果不佳;图3-40、图3-41、图3-43、图3-44、图3-45类辅机平交或环形交叉+人非独立层的机非分行当量2层方案,机动车转向效率低,且须处理好人非独立层与地块连接的矛盾。这些方案,都需要与当量3层方案(如主主定向匝道+辅机人非混行)进行比选。

(3)图3-33、图3-34、图3-35、图3-38类辅机匝道直连+人非独立路径的当量2层方案,如地块连接没有矛盾,是相对不错的选择。

(4)如果立交区用地紧张,机动车当量2层匝道布置宜以定向匝道为主,环形匝道不宜多于1条。

(5)机动车平交布置,首选普通十字形平交方案;当平交层无直行交通或总交通量较小时,或因布置条件限制,可以考虑环形交叉方案。

(6)8条辅机匝道连接的机非分行示例方案,当地块机动车连接问题无法解决时,可研究在人非路径上增设机动车道的可行性;增设后,机非分行就变成机非混行了。

3.4 当量3层方案

先阅读第1章,便于理解本节内容。

四岔互通立交交叉道路的横断面交通组成,本书以"主机+辅机+人非"形式为对象。

当量3层布置方案,占用的平面和竖向空间适中,城市立交应用普遍。按主主直连(3.4.1~3.4.7)和主主不直连(辅辅直连)(3.4.8、3.4.9)两种情况分别论述。

----------------------------- 主 主 直 连 -----------------------------

3.4.1 主主直连式

1）方案布置

（1）几何。

如图 3-46 所示，四岔交叉，主主之间采用直连式，当量 2 层，实体四层；辅机和人非同层，井字形平面交叉，机非混行。全互通立交，当量 3 层，实体五层。

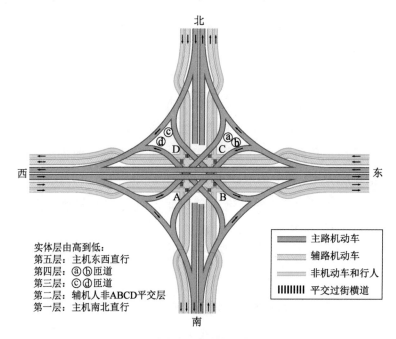

图 3-46 主主直连式、辅辅十字形（一）

图中混行层为井字形平面交叉，可视具体情况调整为十字形。

（2）交通。

主机之间设置 8 条匝道实现全方向互通，左转交通均为内转弯半直连匝道。

辅机之间直行和转弯，通过井字形平面交叉完成。

人非路径线形与辅机匝道相同且同层。

井字形平交层设置信号控制。

2）方案特点

匝道布置形式对称，互通占用的平面和竖向空间大，桥梁规模大；主机匝道线形指标高,通行能力大。

井字形平交层是该方案的关键,其既承担辅机左、直、右交通,又承担人非的左、直、右交通,交通压力大,须加强细部处理。一是辅机直行交通,尽量提前汇入主机直过,减少其走平交层的概率;二是做好细部几何布置(主要是井字形内围边长和左转待行车道布置);三是设置信号管理,优化配时方案。

3)适用条件

该方案适合于平面、竖向空间条件宽裕的情况,适用于主机直行和转向交通量大、辅机转弯和人非交通量中等及偏小的情况。

图 3-46 方案,机非混行,也可调整为机非分行布置。如图 3-47 所示,人非交通采用独立路径于匝道外围绕行;外围绕行过远的话,也可于互通区内设置通道穿行,实际应用可依具体条件灵活掌握。

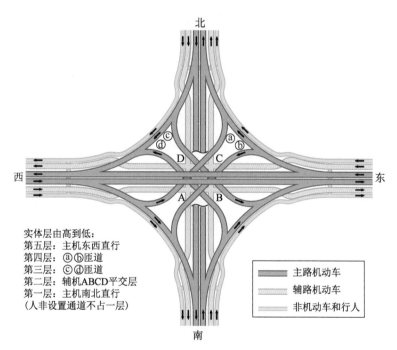

图 3-47　主主直连式、辅辅十字形(二)

图 3-46 方案为竖向实体五层,为减少一层竖向空间,可将交叉中心的辅机人非平交移至四周布置,如图 3-48 所示。

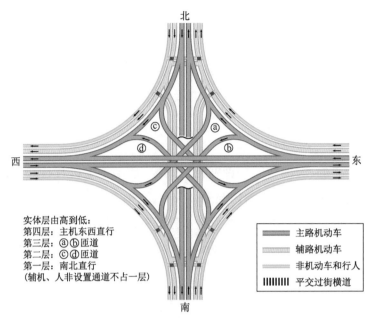

实体层由高到低:
第四层:主机东西直行
第三层:ⓐⓑ匝道
第二层:ⓒⓓ匝道
第一层:南北直行
(辅机、人非设置通道不占一层)

主路机动车
辅路机动车
非机动车和行人
‖‖‖‖ 平交过街横道

图 3-48　主主直连式、辅辅变形环形

3.4.2　主主涡轮形

1)方案布置

如图 3-49 所示,四岔交叉,主主直连采用涡轮形,4 条左转匝道均采用外转弯半直连匝道,当量 2 层,实体二层;辅机和人非于交叉中心地面层按普通平面交叉布置,机非混行,设置信号控制。全互通立交,当量 3 层,实体三层。

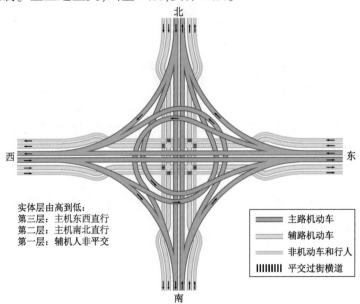

实体层由高到低:
第三层:主机东西直行
第二层:主机南北直行
第一层:辅机人非平交

主路机动车
辅路机动车
非机动车和行人
‖‖‖‖ 平交过街横道

图 3-49　主主涡轮形、辅辅十字形(一)

2）适用条件

该方案适合于平面、竖向空间条件适中的情况，适用于主机直行和转向交通量大、辅机转弯和人非交通量中等及偏小的情况。该类实体层数不多的当量3层布置方案，实际应用较多。

图3-49方案为机非混行，也可调整为机非分行布置。如图3-50所示，人非交通采用独立路径于立交匝道内、外穿行。

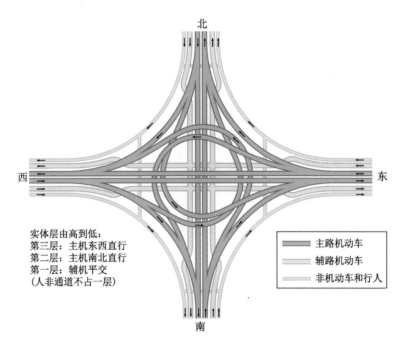

实体层由高到低：
第三层：主机东西直行
第二层：主机南北直行
第一层：辅机平交
（人非通道不占一层）

主路机动车
辅路机动车
非机动车和行人

图3-50　主主涡轮形、辅辅十字形（二）

3.4.3　主主变形苜蓿叶形

1）方案布置

如图3-51所示，四岔交叉，主主直连采用变形苜蓿叶形，两环形匝道对角布置，当量2层，实体三层。

辅机和人非同一层，拉长的井字形平面交叉，机非混行。该平交层既承担辅机左、直、右交通，又承担人非的左、直、右交通，交通压力大，须加强细部处理；一是辅机直行交通，尽量提前汇入主机直过（图中未示），减少经过平交层的车辆；二是设置信号管理。拉长的井字形平面交叉，实际应用根据具体条件，也可调整至交叉中心地面按普通十字形布置。

全互通立交，当量3层，实体四层。

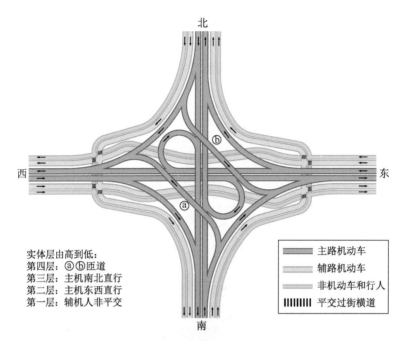

实体层由高到低：
第四层：ⓐⓑ匝道
第三层：主机南北直行
第二层：主机东西直行
第一层：辅机人非平交

━━━	主路机动车
▨▨▨	辅路机动车
━━━	非机动车和行人
‖‖‖‖	平交过街横道

图 3-51 主主变形苜蓿叶形、辅辅井字形

2）适用条件

该方案匝道布置形式对称，互通占用的平面和竖向空间较大，主机匝道线形指标较高，立交桥梁规模稍大。

该方案适合于平面、竖向空间条件较宽裕，主机直行和转向交通量大、辅机转向交通量和人非交通量中等及偏小的情况。

3.4.4 主主全苜蓿叶形

3.4.4.1 辅辅环形平交

1）方案布置

如图 3-52 所示，四岔交叉，主机连接为全苜蓿叶形；辅机和人非同一层，按环形平交布置，机非混行。混行层布置在坡度较缓的贴近地面的层间，图中布置在底层，也有布置在三层之中的中间层。实际项目上，可视具体条件灵活调整。全互通立交，当量 3 层，实体三层。

主机之间设置 8 条匝道实现全方向互通，左转交通均经环形匝道实现。辅机之间直行和转弯，均通过环形平交完成。人非路径线形与辅机匝道相同。

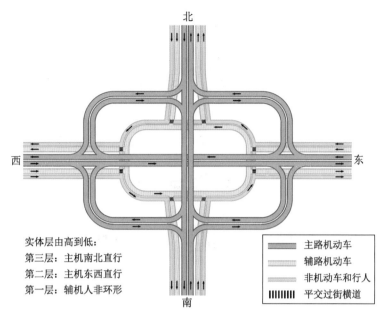

北

西 东

南

实体层由高到低：
第三层：主机南北直行
第二层：主机东西直行
第一层：辅机人非环形

主路机动车
辅路机动车
非机动车和行人
平交过街横道

图 3-52　主主全苜蓿叶形、辅辅环形(一)

环形层既承担辅机左、直、右交通，又承担人非的左、直、右交通，相互之间还存在交织和冲突。环形层细部处理，一是辅机直行交通，尽量提前汇入主路直过(图中未示)，减少经过环形层的车辆；二是交通量大时增设信号管理。

2)适用条件

该方案形式对称简明，互通占用的平面和竖向空间适中。该方案适合于平面、竖向空间限制不大的情况，适合于主机直行和转向交通量较大、辅机和人非交通量中等及偏小的情况。

图 3-53 是将图 3-52 方案的辅机人非环形调整到主机全苜蓿叶形外围布置的方案。

四岔交叉，主主直连，全苜蓿叶形，当量 2 层，实体二层；辅机、人非在主机匝道外围平交绕行，实体未独立成层，但辅机环形连通，故计当量 1 层。

全互通立交，当量 3 层，实体二层，机非混行。其余与图 3-52 方案类同。

3.4.4.2　辅辅十字形平交

如图 3-54 所示，四岔交叉，主机直连为全苜蓿叶形；辅机和人非同一层平面交叉，按十字形布置，机非混行。全互通立交，当量 3 层，实体三层。

该方案就是将图 3-52 方案中的辅机人非环形调整为十字形平交。十字形平交的通行能力大，信号管理灵活，适用于辅机人非交通量中等的情况。

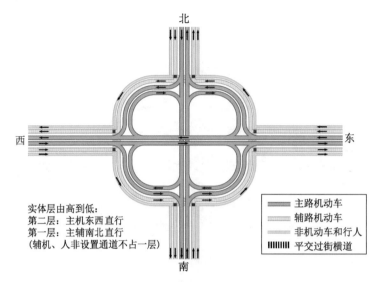

实体层由高到低：
第二层：主机东西直行
第一层：主辅南北直行
（辅机、人非设置通道不占一层）

图 3-53　主主全苜蓿叶形、辅辅环形（二）

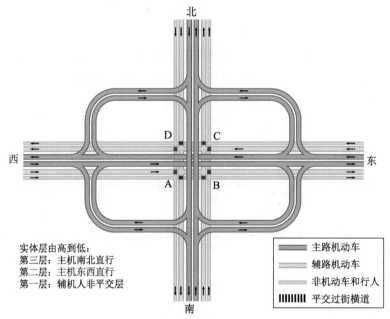

实体层由高到低：
第三层：主机南北直行
第二层：主机东西直行
第一层：辅机人非平交层

图 3-54　主主全苜蓿叶形、辅辅十字形（一）

　　图 3-54 为机非混行，将人非路径调整到立交外围，形成了机非分行方案，如图 3-55 所示，差异论述如下：

　　该方案主机之间当量 2 层，辅机之间当量 1 层。人非路径绕行立交外围，部分借用了机动车交叉的竖向层间，形成了独立路径，未独立成层。

　　该方案人非交通绕行较远，为避免左转 270°转弯，人非转弯路径可设置双向通行，这样左转 90°即可完成转弯。

该方案适合于平面和竖向空间限制不大、地块机动车多在转弯匝道端部以外连接的情况。适用于主机直行和转向交通量较大、辅机转向交通量中等、人非交通量大的情况。

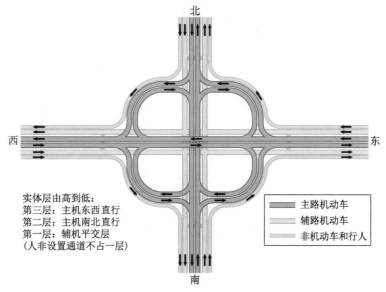

图 3-55　主主全苜蓿叶形、辅辅十字形（二）

3.4.4.3　辅辅井字形平交

如图 3-56、图 3-57 所示，四岔交叉，主机连接为全苜蓿叶形；辅机和人非同一层平面交叉，按井字形布置，机非混行。全互通立交，当量 3 层，实体三层。

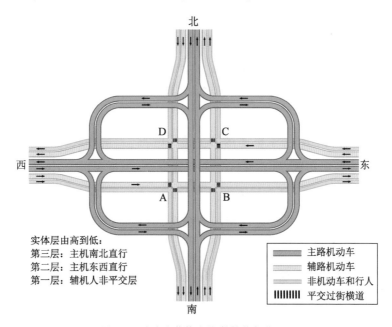

图 3-56　主主全苜蓿叶形、辅辅井字形（一）

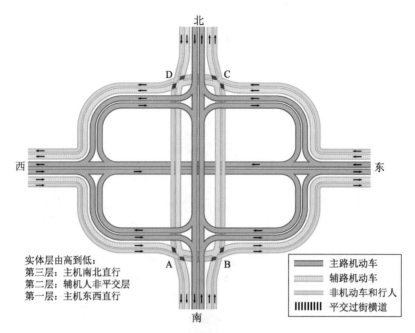

实体层由高到低：
第三层：主机南北直行
第二层：辅机人非平交层
第一层：主机东西直行

图例：
▬▬▬ 主路机动车
▭▭▭ 辅路机动车
‖‖‖ 非机动车和行人
▮▮▮▮ 平交过街横道

图 3-57　主主全苜蓿叶形、辅辅井字形（二）

图 3-56 就是将 3-54 图中的辅机人非十字形调整为井字形，井字形位于交叉中心附近，大致呈方形。

为了优化图 3-56 中的总体竖向空间，将井字形布置适当调整，如图 3-57 所示，其中的井字形呈长方形布置在主机两直行层的中间，AB 和 CD 两边位于主机匝道之外，占用的竖向空间节省一些。该方案一般也需要设置信号控制，A、B、C、D 四个平交点视野狭窄一些，其通行能力介于十字形和环形之间。

其他承前图 3-54 方案的相关论述。

3.4.4.4　辅辅菱形平交

如图 3-58 所示，四岔交叉，主机连接为全苜蓿叶形，当量 2 层，实体二层；辅机和人非同一层平面交叉，按菱形布置，机非混行。全互通立交，当量 3 层，实体小三层。

菱形布置方案为特例，不具有代表性。其与环形类同，一种情况是交叉中心有特殊障碍物无法布置成普通十字形平面交叉和环形交叉；另一种情况是为了尽量节省交叉中心的竖向空间。

该方案形式对称简明，互通占用的平面和竖向空间适中。该方案适合于平面空间限制不大、竖向空间有一定限制的情况，适合于主机直行和转向交通量较大、辅机和人非交通量中等及偏小的情况。

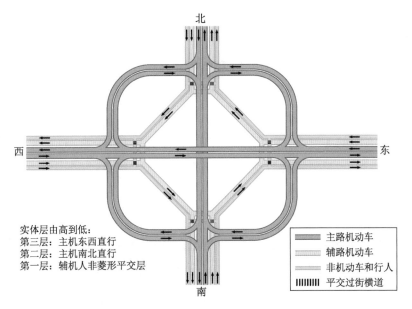

实体层由高到低：
第三层：主机东西直行
第二层：主机南北直行
第一层：辅机人非菱形平交层

主路机动车
辅路机动车
非机动车和行人
平交过街横道

图 3-58 主主全苜蓿叶形、辅辅菱形

3.4.5 主主环形交叉

1）方案布置

（1）几何。

如图 3-59 所示，四岔交叉，主机连接为环形交叉，当量 1 层，实体二层；辅机连接亦采用环形交叉，当量 1 层，实体一层；人非独立一层。

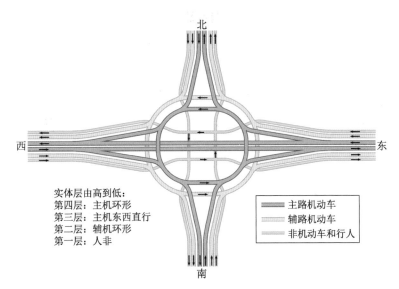

实体层由高到低：
第四层：主机环形
第三层：主机东西直行
第二层：辅机环形
第一层：人非

主路机动车
辅路机动车
非机动车和行人

图 3-59 主主环形、辅辅环形

全互通立交,当量 3 层,实体四层,机非分行。

(2)交通。

主机之间东西直行交通立体交叉,转弯和南北直行交通经环形匝道完成。

辅机之间直行和转弯,均通过环形匝道完成。

人非交通独立一层,机非分行。

环形层是该方案的关键点,尤其是辅机环形层承担辅机左、直、右交通,存在短距离交织,须加强细部处理,一是辅机直行交通,尽量提前汇入主机直过(图中未示),减少经过环形层的车辆;二是交通量大时增设信号管理。

2)适用条件

该方案形式对称简明,互通占用的平面空间小。该方案适合于平面受限、竖向空间宽裕的情况,适合于主机直行和人非交通量大、辅机和主机转向交通量中等及偏小的情况。

3.4.6　主主十字形平面交叉

1)方案布置

如图 3-60 所示,四岔交叉,主机之间采用十字形平面交叉连接,当量 1 层,实体一层;辅机连接采用环形交叉,当量 1 层,实体一层;人非独立一层。全互通立交,当量 3 层,实体三层,机非分行。

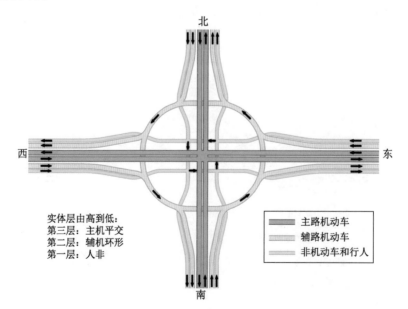

实体层由高到低:
第三层:主机平交
第二层:辅机环形
第一层:人非

	主路机动车
	辅路机动车
	非机动车和行人

图 3-60　主主十字形、辅辅环形

主机十字形平交采用信号控制;辅机环形平交,交通量大时,也需要采用信号控制。

2)适用条件

该方案形式对称简明,互通占用的平面空间小、竖向空间不大。该方案适合于平面受限的情况,适合于人非交通量大、机动车交通量中等及偏小的情况。

3.4.7 主辅合并转弯

3.4.1~3.4.6节的布置方案,都是按常见的主主与辅辅分别转弯的思路布置的。还有一种布置思路,就是在立交区主辅合并,共用一组机动车转弯匝道(当量2层),人非独立一层(当量1层),全互通立交当量3层;这种布置思路,主路与辅路之间干扰较大,辅路右转须先内再外与习惯不一致,所以实际应用不多。

如图3-61所示,十字形四岔交叉,立交区主辅合并,机动车转弯采用直连式方案(当量2层);人非独立一层(当量1层)。全互通立交,当量3层,实体五层,机非分行。

现实项目考虑地块连接等因素,机非分行难以实施时,人非路径可增设机动车道。

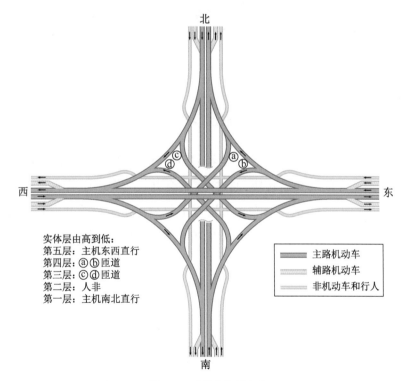

图3-61 主辅合并直连式

如图3-62所示,十字形四岔交叉,立交区主辅合并,机动车转弯采用对角双环的变形苜蓿叶形方案(当量2层);人非独立一层(当量1层)。全互通立交,当量3层,实体四层,机非分行。

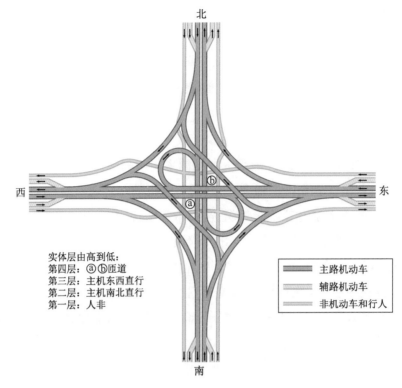

实体层由高到低：
第四层：ⓐ ⓑ 匝道
第三层：主机东西直行
第二层：主机南北直行
第一层：人非

▬▬▬	主路机动车
▨▨▨	辅路机动车
▬▬▬	非机动车和行人

图 3-62　主辅合并变形苜蓿叶形

主主不直连(辅辅直连)

　　当量 3 层的布置方案，主主不直连（辅辅直连）当量 2 层，人非都是独立 1 层，即均为机非分行方案。主主之间的交通转换，通过"主辅合并转弯"实现，详见第 1.5.1 节。

　　主主不直连（辅辅直连）的匝道布置方案以下仅列出了全苜蓿叶形和对角双环变形苜蓿叶形，如布置条件适应，其他形式当然可用，在实际应用中可灵活掌握。

3.4.8　辅辅全苜蓿叶形

　　1）方案布置

　　(1)几何。

　　如图 3-63a）所示，四岔交叉，主主不直连，辅机之间全苜蓿叶形，人非独立一层，机非分行。全互通立交，当量 3 层，实体三层。

　　图 3-63b）、图 3-63c）中，人非交通部分借用机动车交叉的竖向层间，独立路径，未独立成层，属于当量 2 层方案，列于此仅为对比之用。

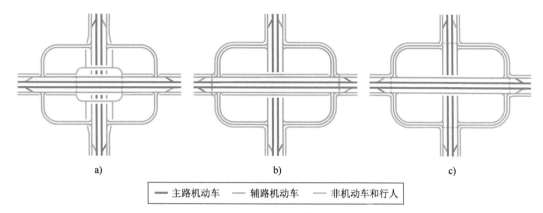

图 3-63 辅辅全苜蓿叶形

人非层竖向一般布置在坡度较缓的、贴近地面的层间,图 3-63a)中布置在三层之中的中间层。实际项目上,可视具体条件灵活调整。

(2)交通。

主主未直连,其交通转换通过"主辅合并转弯"实现,详见第 1.5.1 节。

辅机之间设置 8 条匝道实现全方向互通,左转交通均经环形匝道实现。

人非交通经独立层通行,与机动车交通分离。

2)方案特点和适用条件

辅辅全苜蓿叶形,形式对称简明;互通占用的平面和竖向空间适中。该方案机非分行,总体运行条件好。

该方案适合于平面和竖向空间限制不大的情况,适合于机动车交通量中等以上、人非交通量大的情况。

3.4.9 辅辅变形苜蓿叶形

1)方案布置及特点

(1)几何。

如图 3-64 所示,四岔交叉,主主不直连;辅辅变形全苜蓿叶形,两环形匝道对角设置;人非交通独立一层通行。全互通立交,当量 3 层,实体四层,机非分行。

(2)交通。

主主未直连,其交通转换通过"主辅合并转弯"实现,详见第 1.5.1 节。

辅机之间设置 8 条匝道实现全方向互通,左转交通经环形匝道和半直连匝道实现。

机非分行,人非交通独立一层通行。

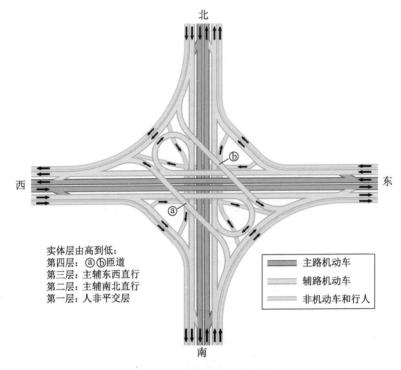

图 3-64　辅辅变形苜蓿叶形

2）适用条件

变形苜蓿叶形方案，高速公路和城市立交都有应用。该方案适用于机动车转向交通量中等偏上、人非交通量大的情况。

3.4.10　小结（四岔交叉-当量 3 层方案布置要领）

当量 3 层布置方案，前述各节按照表 3-1 的系统规划，分类进行了论述，基本涵盖了各种情况，小结如下。

（1）当量 3 层方案，是城市快速道路、主干路大型交叉点的多用方案。

（2）立交方案总体布置，机非混行与机非分行的选择，机非分行路径的选择，须综合考虑交通需求和布置条件等影响因素，详见 1.5.4、1.5.5 节论述。

（3）当量 3 层方案，机动车之间宜首选设置 4 条立交匝道连接；左转交通，无论交通量大小，宜首选半直连匝道，而非环形匝道。

（4）机动车 8 条独立匝道，宜首选布置在主主之间（也称主路立交）；这时，辅机和人非共板混行方案多见，即图 3-49、图 3-51、图 3-54、图 3-57 类方案。

（5）当人非交通量很大、主辅出入顺畅、地块连接可行的前提下，8 条独立匝道也可设置在辅辅之间或者合并设置，人非专设一层，即图 3-61、图 3-62、图 3-64 类方案。

（6）机动车平交布置，首选普通十字形平交方案；当平交层无直行交通或总交通量较小时，或因布置条件限制，可以考虑环形交叉方案。

（7）8 条辅机匝道连接的机非分行示例方案，当地块机动车连接问题无法解决时，可研究在人非路径上增设机动车道的可行性；增设后，机非分行就变成机非混行了。

3.5 当量 4 层方案

先阅读第 1 章，便于理解本节内容。

四岔互通立交交叉道路的横断面交通组成，本书以"主机 + 辅机 + 人非"形式为对象。

当量 4 层方案，主主直连当量 2 层，辅辅直连当量 2 层或 1 层，人非与辅机共层或独立路径或独立一层；主主交叉与辅辅交叉，可集中布置（3.5.1 ~ 3.5.3），也可分散布置（3.5.4、3.5.5）。以下分别论述。

集 中 布 置

一座互通立交，实体层布置，地面以上最多三层或四层，地面一层，地下最多一层或二层；合计一般最多六层，实际三层或四层多见。

当量 4 层，主主交叉与辅辅交叉，集中一点（一般是交叉中心）布置，有时需要的竖向空间较大，方案布置需要总体考虑。

3.5.1 主主直连式

3.5.1.1 辅辅直连式

在主主直连占据四层实体空间的前提下，辅辅直连如果再独立占据四层空间，是难以布置和接受的。这时的辅辅直连，只能部分借用或共用主主交叉的竖向空间，如图 3-65 所示。

1）方案布置

四岔交叉，主主直连采用直连式方案，右转匝道于辅机右转匝道内侧布置；实体四层，4 条左转匝道位于最高层，实际项目可视具体情况调整。

辅辅直连亦采用直连式，4 条左转匝道与主机左转匝道傍行；4 条右转匝道亦未增加竖向层间；辅机直行交通改为匝道布置，东西直行匝道穿过交叉中心段纵坡稍大，亦未增加竖向层间。

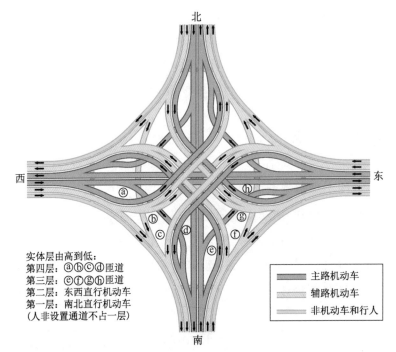

北

西   东

南

实体层由高到低：
第四层：ⓐⓑⓒⓓ匝道
第三层：ⓔⓕⓖⓗ匝道
第二层：东西直行机动车
第一层：南北直行机动车
（人非设置通道不占一层）

▬▬	主路机动车
▨▨	辅路机动车
▤▤	非机动车和行人

图3-65   主主直连式、辅辅直连式（一）

人非交通于机动车匝道外围绕行，部分借用机动车交叉的竖向空间，未形成独立层，但为独立路径；为避免绕行较远，可设置一些通道，也可将人非路径布置成双向通行。

全互通立交，当量4层（主主当量2层+辅辅当量2层），实体四层，机非分行。

该方案机非分行，主主之间和辅辅之间左转均采用内转弯半直连匝道，全互通无交织、无冲突，是当量4层的高级布置方案。

2）适用条件

该方案形式对称简明，互通占用平面和竖向空间大，桥梁规模大。适用于空间条件和城区景观限制不严的情况，适用于主机、辅机和人非交通量均很大且辅机的通道职能突出的情况，也可用于两期叠加工程。

图3-66是图3-65方案的一种变形，东西向辅机直行由交叉中心穿行调整到外围绕行。

3.5.1.2   辅辅全苜蓿叶形

1. 机非混行

1）方案布置

如图3-67所示，四岔交叉，主主直连采用直连式方案，当量2层，实体四层，4条左转匝道位于最高二层。

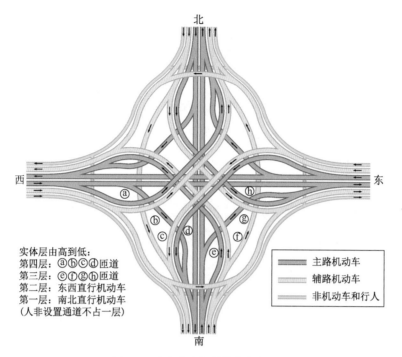

图 3-66 主主直连式、辅辅直连式(二)

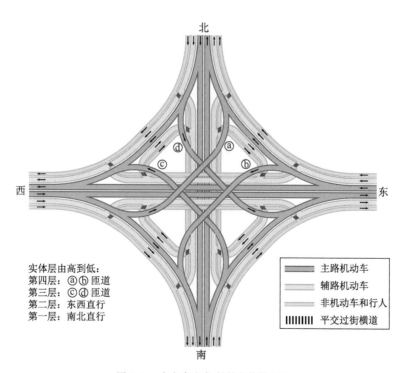

图 3-67 主主直连式、辅辅全苜蓿叶形

辅辅直连采用全苜蓿叶形,当量 2 层,辅机直行与主机傍行,全苜蓿叶形位于上述实体四层的最下两层。

人非路径与辅机傍行,人行左转可在交叉中心附近独立设置人行梯(坡)道(图中未示出)。

全互通立交,当量 4 层,实体四层,机非混行。

该方案主机转弯匝道指标高,左转均采用内转弯半直连匝道;辅机左转并肩环形匝道一般设置集散道,辅机转弯交通与人非直行交通存在冲突,有安全隐患,尤其是纵坡大时。

2)适用条件

该方案形式对称简明,互通占用平面和竖向空间大,桥梁规模大。适用于空间条件和城区景观限制不严的情况,适用于主机交通量很大、辅机和人非交通量中等的情况,也可用于两期叠加工程。

图 3-67 为机非混行方案,下面介绍机非分行方案。

2. 机非分行

1)方案布置

如图 3-68 所示,四岔交叉,主主直连采用直连式方案,当量 2 层,实体四层,4 条左转匝道位于高层。

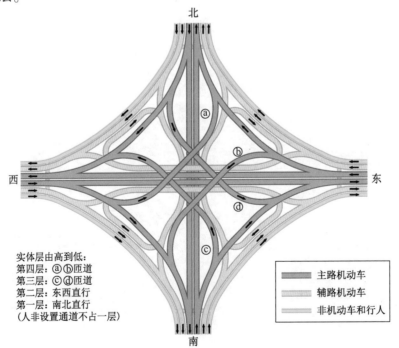

图 3-68 主主直连式、辅辅全苜蓿叶形(机非分行)

辅辅直连采用全苜蓿叶形,当量2层,辅机直行和匝道交叠立体穿行于主主交叉之间。

人非交通于匝道外围绕行,未独立成层,但独立路径,与机动车分离。

全互通立交,当量4层,实体四层,机非分行。

该方案主机转弯匝道指标高,左转均采用内转弯半直连匝道;辅机左转并肩环形匝道一般需要设置集散道。

2)适用条件

该方案形式对称简明,互通占用平面和竖向空间大,桥梁规模大。适用于空间条件和城区景观限制不严的情况,适用于主机、辅机和人非交通量均很大且辅机的通道职能突出的情况,也可用于两期叠加工程。

3.5.2　主主全苜蓿叶形

3.5.2.1　辅辅直连式

1.方案一

1)方案布置

如图3-69所示,四岔交叉,主主直连采用全苜蓿叶形,当量2层,位于实体层的最低二层。辅辅直连采用直连式,当量2层;4条左转匝道,2条位于交叉中心,另2条内转弯分散到边部。人非交通部分借用机动车交叉的竖向空间,未独立成层,但独立路径,与机动车交通分离。

全互通立交,当量4层,实体三层,机非分行。

该方案辅机转弯匝道指标高,左转均采用内转弯半直连匝道;主机匝道指标亦较高,机非交通分行。

2)适用条件

该方案形式对称简明,互通占用平面和竖向空间大,桥梁规模大。适用于空间条件和城区景观限制不严的情况,适用于主机、辅机和人非交通量均很大且辅机的通道职能突出的情况,也可用于两期叠加工程。

2.方案二

1)方案布置

如图3-70所示,四岔交叉,主主直连采用全苜蓿叶形,位于实体层的高层,左转并肩环形匝道一般需要设置集散道;当量2层,实体二层。

辅辅南北向直行,平面基本与主机傍行;东西向直行,横向分开;辅辅直连采用直连式或半直连式匝道,均为右侧出入;辅辅直连当量2层,实体层部分借用主机竖向层间。

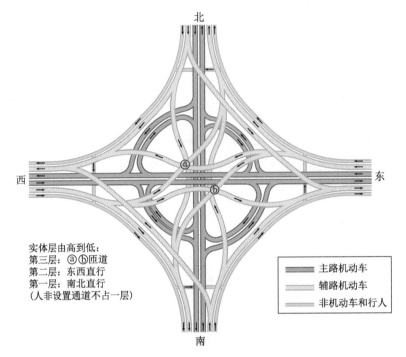

实体层由高到低:
第三层:ⓐⓑ匝道
第二层:东西直行
第一层:南北直行
(人非设置通道不占一层)

	主路机动车
	辅路机动车
	非机动车和行人

图 3-69   主主全苜蓿叶形、辅辅直连式(一)

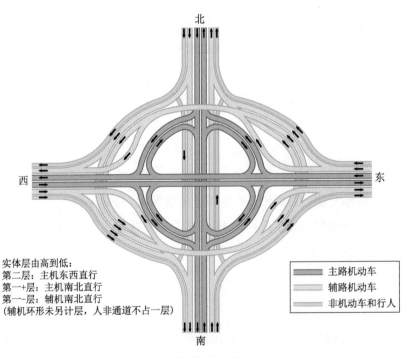

实体层由高到低:
第二层:主机东西直行
第一+层:主机南北直行
第一-层:辅机南北直行
(辅机环形未另计层,人非通道不占一层)

	主路机动车
	辅路机动车
	非机动车和行人

图 3-70   主主全苜蓿叶形、辅辅直连式(二)

人非交通,独立路径绕行,与机动车分离。

全互通立交,当量4层,实体大二层,机非分行。

该方案形式简明,路径清晰,实体层数少,主机、辅机匝道指标较高,机非分行,总体运行条件较好。

2)适用条件

该方案形式对称简明,互通占用平面空间大,桥梁规模大。适用于空间条件和城区景观限制不严的情况,适用于主机、辅机和人非交通量均很大且辅机的通道职能突出的情况,也可用于两期叠加工程。

3.5.2.2 辅辅全苜蓿叶形

1)方案布置

如图3-71所示,四岔交叉,主主直连采用全苜蓿叶形,当量2层,实体层处于较高二层。辅辅直连亦采用全苜蓿叶形,当量2层,实体层处于较低二层。人非交通部分借用机动车交叉的竖向空间,未独立成层,但独立路径,与机动车交通分离。

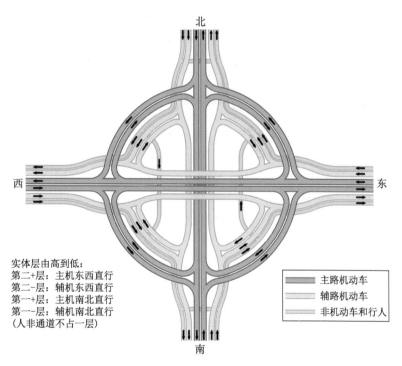

实体层由高到低:
第二+层:主机东西直行
第二-层:辅机东西直行
第一+层:主机南北直行
第一-层:辅机南北直行
(人非通道不占一层)

主路机动车
辅路机动车
非机动车和行人

图3-71 主主全苜蓿叶形、辅辅全苜蓿叶形

该方案交叉中心,同向主机与辅机不等高,高差大小决定于匝道纵坡,因此交叉中心竖向为大二层、小四层。另外,在交叉中心,主机和辅机因并肩环形匝道一般要设置集散道,导致道路横向宽度大。

全互通立交,当量 4 层,实体大二层、小四层,机非分行。

2)适用条件

该方案形式对称简明,互通占用平面和竖向空间大,桥梁规模大。适用于空间条件和城区景观限制不严的情况,适用于主机、辅机和人非交通量均很大且辅机的通道职能突出的情况,也可用于两期叠加工程。

3.5.2.3 辅辅环形

1)方案布置

如图 3-72 所示,四岔交叉,主主直连采用全苜蓿叶形,位于实体层的最高一层和次低一层,当量 2 层,实体二层。

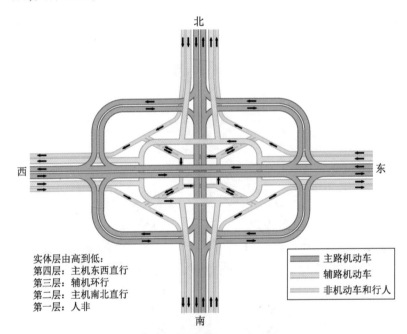

实体层由高到低:
第四层:主机东西直行
第三层:辅机环行
第二层:主机南北直行
第一层:人非

图例:
主路机动车
辅路机动车
非机动车和行人

图 3-72 主主全苜蓿叶形、辅辅环形(一)

辅辅直连,于主主全苜蓿叶形内侧布置成环形,当量 1 层,实体一层。

人非交通采用方环形,位于辅机环形之内,比辅机环形更贴近地面,当量 1 层,实体一层。

全互通立交,当量 4 层,实体四层,机非分行。

该方案主机匝道指标较高;辅机直行和左右转弯交通,仅由一层环形匝道承担,交通压力大,容易拥堵,运行条件一般。

2）适用条件

该方案形式对称简明，互通占用平面和竖向空间大，桥梁规模大。适用于空间条件和城区景观限制不严的情况，适用于主机交通量大、辅机交通量中小、人非交通量大的情况。

图 3-73 是图 3-72 的派生方案，就是将辅机环形匝道布置在主机全苜蓿叶形的外围，其余没变，方案特点和适用条件也基本相同。辅机直行交通，可提前并入主机（图中未示意），以尽量减轻环形层压力。

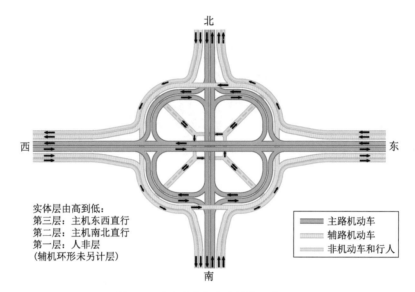

实体层由高到低：
第三层：主机东西直行
第二层：主机南北直行
第一层：人非层
（辅机环形未另计层）

主路机动车
辅路机动车
非机动车和行人

图 3-73 主主全苜蓿叶形、辅辅环形（二）

3.5.3 主主变形苜蓿叶形

1）方案布置

如图 3-74 所示，四岔交叉，是主主变形苜蓿叶形 + 辅辅变形苜蓿叶形的布置方案。

主主直连采用变形苜蓿叶形，两环形匝道对角设置于东北、西南象限，当量 2 层，实体三层。

辅辅直连亦采用变形苜蓿叶形，两环形匝道对角设置于西北、东南象限，当量 2 层，在主主交叉基础上增加实体一层。

人非交通于匝道外围绕行，未独立成层，但独立路径，与机动车分离。

全互通立交，当量 4 层，实体四层，机非分行。

该方案主机、辅机匝道指标均较高；辅机直行交通以匝道布置，指标稍低。全互通无交织、无冲突，机非分行。

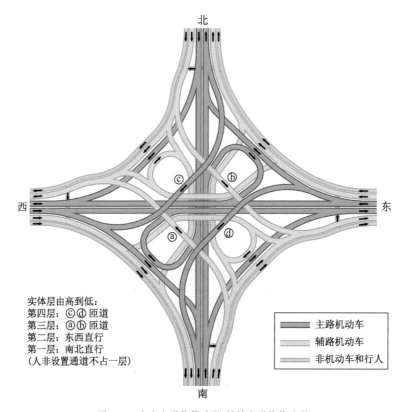

图 3-74　主主变形苜蓿叶形、辅辅变形苜蓿叶形

2）适用条件

该方案形式对称简明，互通占用平面和竖向空间大，桥梁规模大。适用于空间条件和城区景观限制不严的情况，适用于主机、辅机和人非交通量均很大且辅机的通道职能突出的情况。

分 散 布 置

主机与主机交叉连接当量 2 层，辅机和辅机交叉连接当量 2 层，还有人非交通，都集中在交叉中心一点布置，占据的竖向空间大，有的项目难以满足要求。将上述三种交通分散多点布置，占用的平面空间大，但竖向空间紧张的矛盾得以缓解。

分散布置一般有分散两点布置和分散三点布置两种情况。

分散两点布置，考虑到人非交通不便绕行过远，一般将辅机和人非交叉布置于交叉中心一点，将主机直连分散到另一点布置。

分散三点布置，考虑到人非交通不便绕行过远，布置于交叉中心；主机直连分散到第二点布置，辅机直连分散到第三点布置。

3.5.4 分散两点布置

如图 3-75 所示，为分散两点布置方案。主主直连，以双喇叭形式分散到交叉中心以外的东南象限布置，当量 2 层，实体二层。为减少占地，双喇叭连接宜尽量向交叉中心收缩布置。

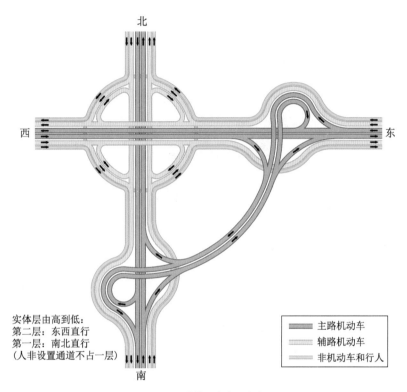

北

西　　　东

实体层由高到低：
第二层：东西直行
第一层：南北直行
（人非设置通道不占一层）

	主路机动车
	辅路机动车
	非机动车和行人

南

图 3-75　分散两点布置方案

辅机、人非交通集中在交叉中心布置，辅机之间采用全苜蓿叶形，当量 2 层，实体二层；人非交通于辅机匝道外围绕行，未独立成层，但独立路径，与机动车交通分离。

全互通立交，当量 4 层，实体二层，机非分行。

该方案适用于平面空间宽裕、竖向空间紧张的情况；适用于主机、辅机、人非交通量均较大的情况。

该方案还有不少派生方案。主主直连的两端点为三岔交叉方案，派生变化可参考第 2 章；交叉中心为四岔交叉的当量 2 层布置方案，派生变化可参考第 3.3 节。此处不赘述。

3.5.5 分散三点布置

如图 3-76 所示，为分散三点布置方案。主主直连，以双 T 形分散到交叉中心以外的西南象限布置,当量2层,实体三层。

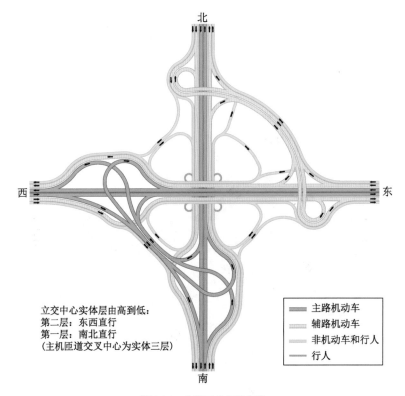

图 3-76　分散三点布置方案

辅辅直连,以双喇叭形分散到交叉中心以外的东北象限布置,当量2层,实体二层。

人非交通集中在交叉中心布置,采用全苜蓿叶形,利用机动车交叉的竖向空间,与机动车分离,未额外成层,不增计当量层;人行左转交通于交叉中心独立设置人行梯(坡)道。

全互通立交,当量4层,主机双T形交叉为实体三层,辅机双喇叭形和立交中心为实体二层,机非分行。该方案平面占地大,总体布置不佳。

该方案适用于平面空间宽裕、竖向空间紧张的情况,适用于主机、辅机、人非交通量均较大的情况。

该方案还有不少派生方案,主主直连和辅辅直连的两端点为三岔交叉方案,派生变化可参照第2章。此处不赘述。

3.5.6　小结(四岔交叉-当量4层方案布置要领)

当量4层布置方案,前述各节按照表3-1的系统规划,分类进行了论述,基本涵盖了各种情况,小结如下。

(1)当量4层方案,体量大,目前建设实例很少见,不宜轻易采用;当多数流向,主、辅机动车转向交通量都很大且辅机的通道职能突出的情况下,空间条件和城区景观限制不严,或者是两期叠加工程,经论证可以采用。

(2)立交方案总体布置,机非混行与机非分行的选择,机非分行路径的选择,须综合考虑交通需求和布置条件等影响因素,详见1.5.4、1.5.5节论述。

(3)当量4层方案,机动车和人非转向交通量均大,宜首选主主当量2层+辅辅当量2层+人非独立路径的布置方案;宜首先考虑集中布置,以节省占地;实体总层数宜尽量少。如图3-66、图3-68、图3-70等方案。

(4)当量4层的机非分行示例方案,当地块机动车连接问题无法解决时,可研究在人非路径上增设机动车道的可行性;增设后,机非分行就变成机非混行了。

3.6 当量5层方案

先阅读第1章,便于理解本节内容。

四岔互通立交交叉道路的横断面交通组成,本书以"主机+辅机+人非"形式为对象。

当量5层方案,主主直连当量2层,辅辅直连当量2层,人非当量1层(独立一层);主主交叉与辅辅交叉,可集中布置(3.6.1、3.6.2),也可分散布置(3.6.3、3.6.4)。以下分别论述。

集 中 布 置

一座互通立交,实体层布置,一般情况下地面以上最多三层或四层,地面一层,地下最多一层或二层;合计一般最多六层,实际三层或四层多见。

当量5层,主主交叉与辅辅交叉,集中一点(一般是交叉中心)布置,有时需要的竖向空间较大,方案布置需要总体考虑。

3.6.1 主主直连式

3.6.1.1 辅辅直连式

在主主直连采用直连式已经占据四层实体空间的前提下,辅辅直连如果再独立占据四层空间,实际项目是难以布置的。这时,辅辅直连只能部分借用或共用主主交叉的竖向空间,辅机直行可按匝道布置,辅机匝道的平纵面线形指标可适当降低;同时,主主交叉的匝道几何布置,要适当宽裕一些,为辅机借用创造条件。

1）方案布置

如图 3-77 所示,四岔交叉,主主直连采用直连式方案,当量 2 层,实体四层;主线和匝
道的四层布置方案有多种,图中匝道为最高二层方案,实际项目可视具体情况调整。辅辅
直连亦采用直连式,4 条左转匝道与主机左转匝道傍行;4 条右转匝道亦未增加竖向层间;
辅机直行交通改为匝道布置,未增加竖向层间,其中 2 条穿过交叉中心段纵坡稍大。人非
交通,独立一层,位于贴近地面的层间。全互通立交,当量 5 层(主主当量 2 层 + 辅辅当量
2 层 + 人非当量 1 层),实体五层。

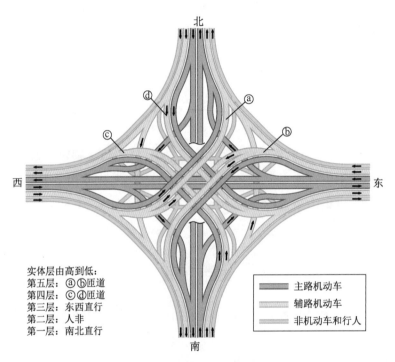

图 3-77　主主直连式、辅辅直连式(一)

该方案主主之间和辅辅之间左转均采用指标较高的内转弯半直连匝道,全互通机非
分行,无交织、无冲突,是当量 5 层的高级布置方案。

2）适用条件

该方案形式对称简明,互通占用平面和竖向空间大,桥梁规模大。适用于空间条件和
城区景观限制不严的情况,适用于主机、辅机和人非交通量均很大且辅机的通道职能突出
的情况,也可用于两期叠加工程。

图 3-78 是图 3-77 方案的一种变形,东西向辅机直行由交叉中心穿行调整到外围
绕行。

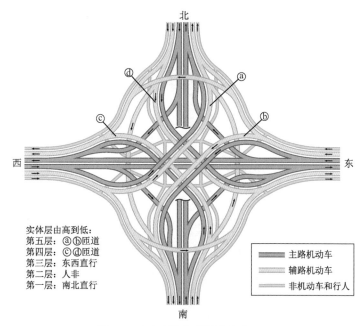

实体层由高到低:
第五层: ⓐⓑ匝道
第四层: ⓒⓓ匝道
第三层: 东西直行
第二层: 人非
第一层: 南北直行

主路机动车
辅路机动车
非机动车和行人

图3-78　主主直连式、辅辅直连式(二)

3.6.1.2　辅辅全苜蓿叶形

1)方案布置

如图3-79所示,四岔交叉,主主直连采用直连式方案,当量2层,实体四层,4条左转匝道位于最高二层,实际项目可视具体情况调整。辅辅直连采用全苜蓿叶形,当量2层,辅机直行和匝道交叠立体穿行于主主交叉之间。人非交通位于交叉中心,独立一层。全互通立交,当量5层,实体五层,机非分行。

该方案主机转弯匝道指标高,左转均采用内转弯半直连匝道;辅机匝道指标也不低,路径清晰无干扰;人非交通与机动车分离。

2)适用条件

该方案形式对称简明,互通占用平面和竖向空间大,桥梁规模大。适用于空间条件和城区景观限制不严的情况,适用于主机、辅机和人非交通量均很大且辅机的通道职能突出的情况,也可用于两期叠加工程。

3.6.2　主主全苜蓿叶形

3.6.2.1　辅辅全苜蓿叶形

1)方案布置

如图3-80所示,四岔交叉,主主直连采用全苜蓿叶形,当量2层,实体层位于高层。辅辅直连亦采用全苜蓿叶形,当量2层,实体层位于低层。人非交通,独立一层,位于贴近地面的最底层。

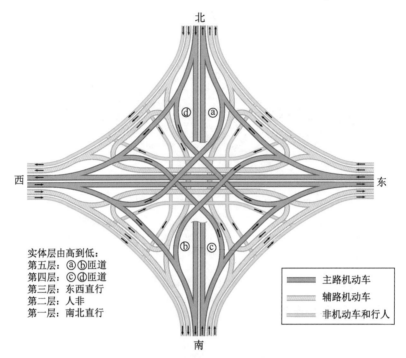

北

西   东

实体层由高到低:
第五层:ⓐⓑ匝道
第四层:ⓒⓓ匝道
第三层:东西直行
第二层:人非
第一层:南北直行

▬▬	主路机动车
▬▬	辅路机动车
▬▬	非机动车和行人

南

图 3-79 主主直连式、辅辅全苜蓿叶形

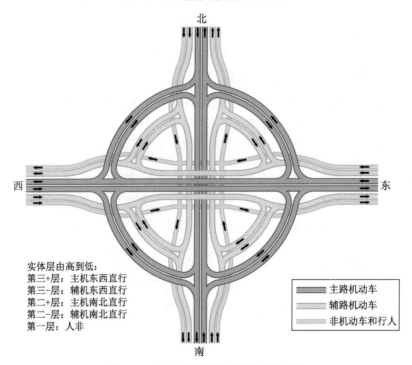

北

西   东

实体层由高到低:
第三+层:主机东西直行
第三-层:辅机东西直行
第二+层:主机南北直行
第二-层:辅机南北直行
第一层:人非

▬▬	主路机动车
▬▬	辅路机动车
▬▬	非机动车和行人

南

图 3-80 主主全苜蓿叶形、辅辅全苜蓿叶形

该方案交叉中心,同向主机与辅机不等高,高差大小决定于匝道纵坡,因此交叉中心竖向机动车为大二层、小四层。另外,交叉中心,主机和辅机因并肩环形匝道一般需要设置集散道,道路横向宽度较大。

全互通立交,当量 5 层,实体大三层、小五层,机非分行。

该方案主机、辅机匝道指标较高,机非分行。总体运行条件较高。

2)适用条件

该方案形式对称简明,互通占用平面和竖向空间大,桥梁规模大。适用于空间条件和城区景观限制不严的情况,适用于主机、辅机和人非交通量均很大的情况,也可用于两期叠加工程。

3.6.2.2 辅辅直连式

1)方案布置

如图 3-81 所示,四岔交叉,主主直连采用全苜蓿叶形,当量 2 层,实体层位于较高二层。辅机南北向直行,平面基本与主机傍行;东西向直行,横向分开;辅辅直连采用直连式或半直连式匝道,均为右侧出入;辅辅连接当量 2 层,实体层部分借用主机竖向层间。人非交通,独立一层,与机动车分离。全互通立交,当量 5 层,实体大三层,机非分行。

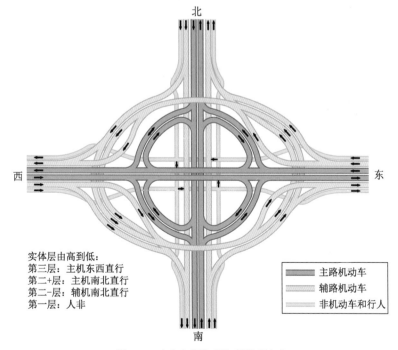

实体层由高到低:
第三层:主机东西直行
第二+层:主机南北直行
第二-层:辅机南北直行
第一层:人非

主路机动车
辅路机动车
非机动车和行人

图 3-81 主主全苜蓿叶形、辅辅直连式

该方案路径清晰,主机、辅机匝道指标较高,机非分行。总体运行条件较好。

2)适用条件

该方案形式对称简明,互通占用平面和竖向空间大,桥梁规模大。适用于空间条件和城区景观限制不严的情况,适用于主机、辅机和人非交通量均很大且辅机的通道职能突出的情况,也可用于两期叠加工程。

分 散 布 置

主机与主机连接当量2层,辅机和辅机连接当量2层,人非交通独立一层,都集中在交叉中心一点布置,占据的竖向空间大,实际项目往往难以满足要求。将上述三种交通交叉分散多点布置,占用的平面空间大,但竖向空间紧张的矛盾得以缓解,匝道纵坡易于控制。

分散布置一般有分散两点布置和分散三点布置两种情况。

分散两点布置,考虑到人非交通不便绕行过远,一般是辅机和人非的交叉连接位于交叉中心一点,主机交叉连接分散到另一点布置。

分散三点布置,考虑到人非交通不便绕行过远,将其布置在交叉中心一点;主机连接分散到第二点布置;辅机连接分散到第三点布置。

3.6.3 分散两点布置

图3-82为分散两点布置方案。

主主直连,以双喇叭形式分散到交叉中心以外的东南象限布置,当量2层,实体二层。为减少占地,双喇叭连接宜尽量向交叉中心收缩布置。

辅机、人非交通集中在交叉中心布置,辅机之间采用全苜蓿叶形布置,当量2层,实体二层。人非交通位于交叉中心,独立一层,当量1层。

全部互通立交,当量5层,实体三层,机非分行。

该方案适用于平面空间宽裕、竖向空间紧张的情况;适用于主机、辅机和人非交通均较大的情况。

该方案还有不少派生方案。主主直连的两端点为三岔交叉方案,派生变化可参照第2章;交叉中心为四岔交叉的当量3层布置方案,派生变化可参照第3.4节。此处不赘述。

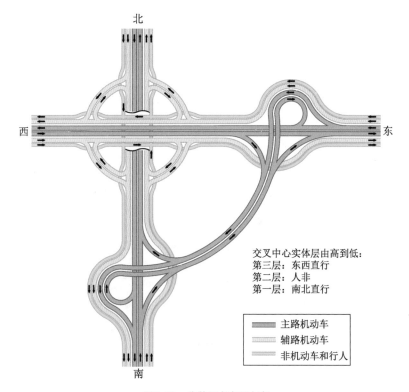

交叉中心实体层由高到低：
第三层：东西直行
第二层：人非
第一层：南北直行

主路机动车
辅路机动车
非机动车和行人

图 3-82　分散两点布置方案

3.6.4　分散三点布置

图 3-83 为分散三点布置方案。主主直连,以双 T 形分散在交叉中心以外的西南象限布置,当量 2 层,实体三层。辅辅直连,以双喇叭形分散在交叉中心以外的东北象限布置,当量 2 层,实体二层。人非交通集中在交叉中心布置,尽量贴近地面,图 3-83 中位于两个主线直行层中间,独立一层,当量 1 层。

全互通立交,当量 5 层,实体三层,机非分行。

该方案适用于平面空间宽裕、竖向空间紧张的情况,适用于主机、辅机、人非交通量均较大的情况。

该方案还有不少派生方案,主主直连和辅辅直连的两端点为三岔交叉方案,派生变化可参考第 2 章;交叉中心的人非层,平面形状和竖向层次安排可视具体情况调整。此处不赘述。

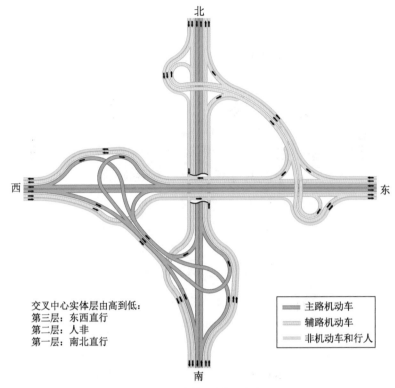

交叉中心实体层由高到低：
第三层：东西直行
第二层：人非
第一层：南北直行

主路机动车
辅路机动车
非机动车和行人

图 3-83　分散三点布置方案

3.6.5　小结(四岔交叉-当量 5 层方案布置要领)

当量 5 层布置方案,前述各节按照表 3-1 的系统规划,分类进行了论述,基本涵盖了各种情况,小结如下。

(1)当量 5 层方案,体量大,目前建设实例很少见,不宜轻易采用;当多数流向主、辅机动车转向交通量都很大且辅机的通道职能突出的情况下,空间条件和城区景观限制不严,或者是两期叠加工程,经论证可以采用。

(2)立交方案总体布置,选用人非独立一层的机非分行方案,需要综合考虑交通需求和布置条件等影响因素,详见 1.5.4、1.5.5 节论述。

(3)当量 5 层方案,布置模式均为主主当量 2 层 + 辅辅当量 2 层 + 人非独立层;宜首先考虑集中布置,以节省占地;实体总层数宜尽量少。如图 3-78、图 3-79、图 3-81等方案。

(4)当量 5 层示例方案均为机非分行,当地块机动车连接问题无法解决时,可研究在人非路径上增设机动车道的可行性;增设后,机非分行就变成机非混行了。

3.7 空间限制布置方案

城市互通立交工点,平面和竖向空间受限制的情况常见,平面如既有建筑物难以拆迁、规划用地不得占用等,竖向如地铁、地下管线或高空景观限制等。方案布置需要结合具体条件,采用一些超常规的方式,形成一些异形方案。相对于公路互通立交,城市立交通行车辆大部分是"回头客",对路径熟悉,异形方案更有适用性。主要的布置思路有:

(1)平面紧张增加竖向层次,竖向紧张平面分散布置。

(2)以定向匝道(直连式匝道或半直连式匝道,下同)代替环形匝道。

(3)跨象限布置。

(4)独立行驶匝道合并为交织运行匝道。

(5)左侧出入。

(6)无法实现主主之间和辅辅之间都全方向直连时,采用主辅混合连接实现总体上全方向连接(匝道数量最多可减少一半)。

(7)舍弃部分方向的连接(不宜轻易采用)。

(8)局部平交。

上述这些超常规布置以下分几种情况论述。为便于阐明主要问题,本节图示中,大部分仅示出机动车(无主、辅之分)流线,略去了人非流线。

3.7.1 平面1个象限限制

如图3-84所示,东北象限平面空间紧张,仅能容下右转匝道,左转环形匝道B无法布置。代替B匝道的布置方案有如下几种:

方案1(B1匝道):右出右进,内转弯定向匝道。

方案2(B2匝道):右出右进,外转弯定向匝道。

方案3(B3匝道):南北向主线左、右幅横向分开,南向西B3匝道左侧流出;因左出下穿另一幅主线,B3匝道需要150~200m降坡距离;为左出需要,左、右幅也可以考虑竖向分开。

方案4(B4匝道):如图3-85a)所示,为东北、东南象限的苜蓿叶形匝道常规布置;当东北象限平面紧张时,可将其环形匝道跨象限布置在东南象限,如图3-85b)所示。

方案5(B5匝道):如图3-86a)所示,为东北、东南象限的苜蓿叶形匝道常规布置;当东北象限平面紧张时,东-北右转匝道贴近交叉中心紧缩布置,南-西左转B5匝道绕转街区路网完成左转弯,如图3-86b)所示。条件特殊时,可采用这种布置方式。

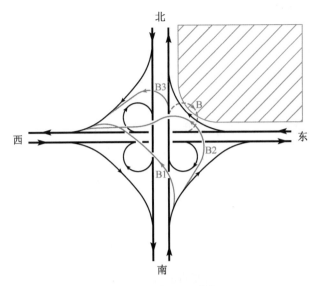

图 3-84 东北象限受限的匝道布置(一)

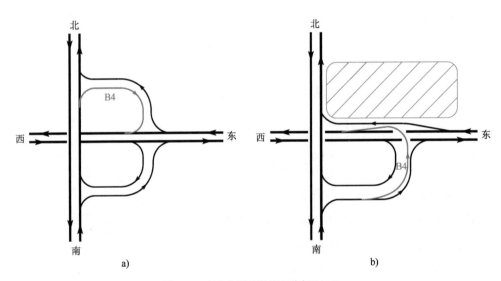

图 3-85 东北象限受限的匝道布置(二)

如图 3-87、图 3-88 所示,东南象限平面空间十分紧张,常规的右转匝道 B 无法布置,只能采用跨象限布置。

图 3-87 中,B1 是将 B 调整到东北象限布置,B2 是将 B 调整到西南象限布置。

图 3-88 中,B3 是将 B 调整到其他 3 个象限、转弯 270°布置。

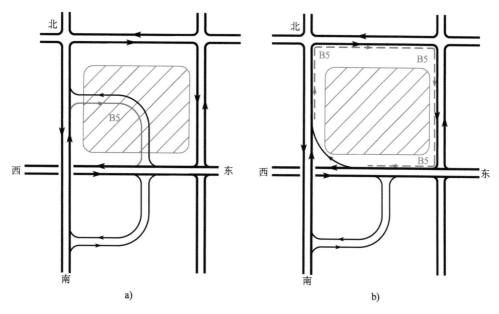

图 3-86 东北象限受限的匝道布置(三)

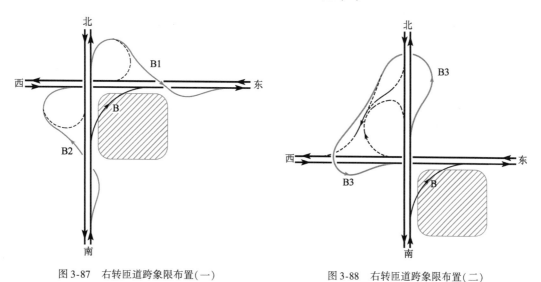

图 3-87 右转匝道跨象限布置(一)   图 3-88 右转匝道跨象限布置(二)

3.7.2 平面2个象限限制

平面2个象限受限制,分2个并肩象限和2个对角象限两种情况,以下分别论述。

3.7.2.1 2个并肩象限限制

1)环形匝道改为定向匝道

如图 3-89 所示,西南、东南并肩象限平面空间紧张,无法布置环形匝道。

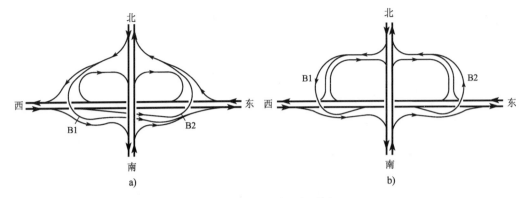

图 3-89　西南和东南象限受限的匝道布置(一)

并肩 2 个象限平面紧张,最佳选择是将两环形匝道改为定向匝道,即图 3-89 所示方案,半直连 B1、B2 匝道贴近东西向主线南侧布置,西南、东南象限节省空间显著,主线均为右侧出入,各方向路径简单明了。该方案适应性强,为这类情况的首选方案。

图 3-89a)中,左转的半直连匝道在右转匝道内侧布置。图 3-89b)中,左转的半直连匝道在右转匝道外侧布置,B1 匝道提前流入主线,与 B2 匝道之间存在交织运行,不如与南-东右转匝道连接后一并流入主线的布置方式。

2)竖向分幅,左侧出入

如图 3-90 所示,西南、东南象限平面空间紧张,仅能容下右转匝道,常规的环形匝道 B、C 无法布置。故列出以下两种代替 B、C 匝道的布置方案。

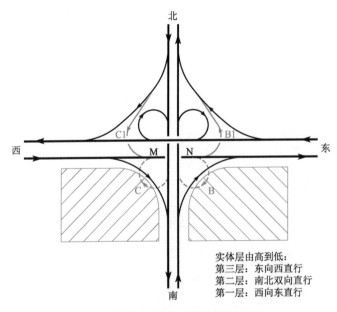

实体层由高到低:
第三层:东向西直行
第二层:南北双向直行
第一层:西向东直行

图 3-90　西南和东南象限受限的匝道布置(二)

方案 1:如图 3-90 所示,东西向主线左、右幅竖向分开(不等高),西向东主线左侧出入,设置 B1、C1 匝道,代替 B、C 匝道。主线竖向分开的目的是为了便于 B1、C1 匝道立体跨越东向西主线,这时要控制好出入口间距(图中 MN 长度)。主线等级越高,左侧出入安全性越差,因此,这种情况适合于主线速度不高的情况,或者设置在辅路上。

方案 2:为了避免方案 1 在主线上直接左侧出入,另辟一条西向东主线右侧出入的匝道 AA,AA 与东西主线竖向分幅,如图 3-91 所示。AA 匝道上存在"左侧出入"和交织运行情况。同样实体三层布置,方案 2 优于方案 1。

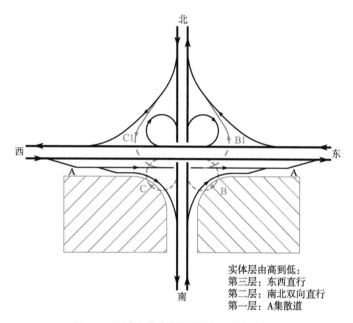

图 3-91　西南和东南象限受限的匝道布置(三)

按方案 2 思路,图 3-92 展示了一个互通立交的布置示例方案,辅路直行和转弯通过环形独立路径完成,该环形部分借用主路交叉的竖向层间。

3)左、右分幅,左侧出入

如图 3-93 所示,四岔交叉互通区平面空间紧张,南北向仅能容下一个环形匝道宽度,方案布置将等级和速度相对低的东西向主路左、右横向分幅,主线东向西(西向东同),除常规 2 条右进右出匝道连接外,还连接了 1 条左出和 1 条左入匝道。该方案仅为左侧出入的示例,并非理想的布置方案。

4)一侧半苜蓿叶 + 一侧环形

如图 3-94 所示,西南、东南并肩象限平面空间紧张,西南、东南象限常规的苜蓿叶形匝道无法布置,图 3-94a)中收缩布置成了单环形匝道,其 AB 和 CD 段存在交织,BD 曲线段半径小(不宜设置双车道),该方案总体上节约空间效果不显著,运行条件不佳。

为消除图 3-94a)中 AB 和 CD 段交织运行情况,再增加一条环形匝道,取消交织运行,如图 3-94b)所示。

5)主辅混合连接

如图 3-95 所示,西南、东南并肩象限(南侧)平面空间紧张,其他条件亦紧张,无法实现主主之间和辅辅之间均全方向直连。主主之间设置了 4 条连接匝道,辅路之间在一个环形交叉层进行转换;主主之间另外 4 条转向匝道,需要经过主、辅混合连接实现转换。

该方案环形层交通压力大,尤其是在合并人非交通时,应谨慎采用。

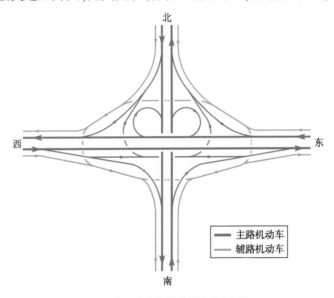

图 3-92　西南和东南象限受限的匝道布置(四)

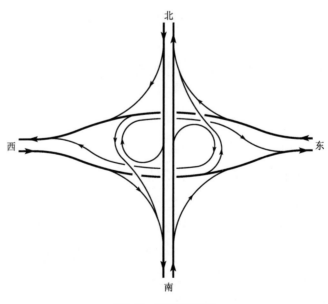

图 3-93　双环异形布置

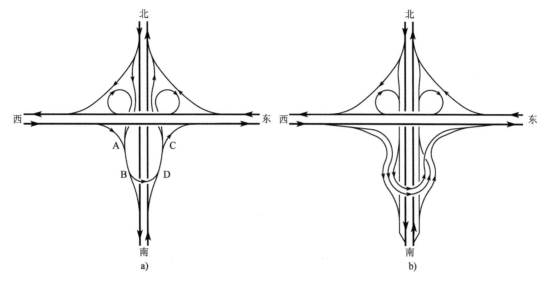

图 3-94　半苜蓿叶形 + 半环形

图 3-95　主辅混合连接

3.7.2.2　2个对角象限限制

平面两对角象限紧张,以对顶的两钝角象限紧张为多见。这种情况下,常规右进右出匝道布置方案如图 3-96、图 3-97、图 3-98 所示,一般能够满足要求,宜为首选。

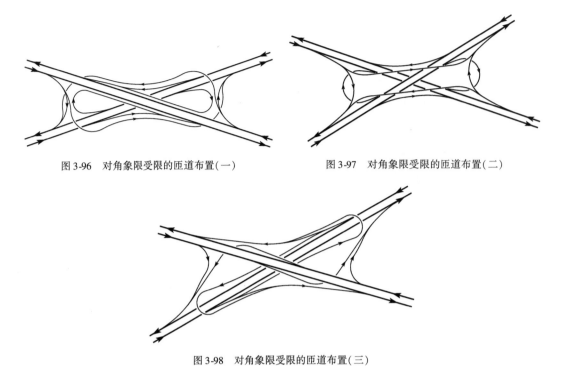

图 3-96　对角象限受限的匝道布置(一)　　　图 3-97　对角象限受限的匝道布置(二)

图 3-98　对角象限受限的匝道布置(三)

3.7.2.3　K 字形交叉

四岔交叉,通常情况是呈十字形,特殊情况可呈 K 字形。K 字形交叉,相当于 2 个象限受限情况,故于此单节论述。

图 3-99、图 3-100、图 3-101 为四岔同期新建情况。由于并肩的东北和西北象限平面紧张,或由于四岔交叉呈 K 字形,匝道布置与通常的十字形不同。

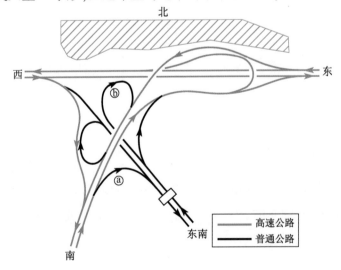

图 3-99　K 字形交叉(一)

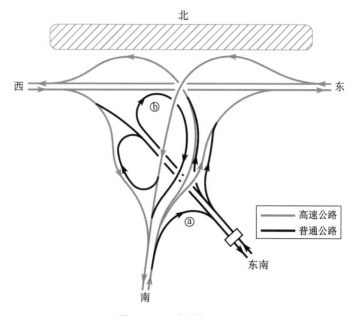

图 3-100　K 字形交叉(二)

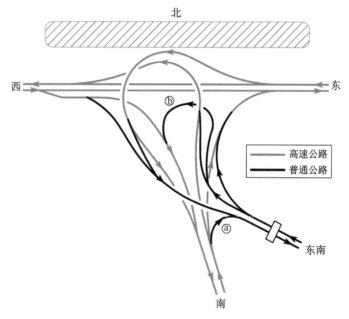

图 3-101　K 字形交叉(三)

图 3-99 ~ 图 3-101 中,红色的东、西、南三岔,属枢纽性质;黑色的东南一岔,属地面道路。各方向连接匝道布置如图 3-99 ~ 图 3-101 所示,南岔与东西主线交叉设置 4 条匝道,东南岔与东西主线交叉设置 4 条匝道(部分匝道合并),合计 8 条匝道;多出的ⓐ、ⓑ两条匝道,相当于通常的十字形交叉(假设东南岔改为北岔)中的南北向直行。

如图 3-102、图 3-103 所示,为四岔 K 字形交叉不同期建设情况,黑色的一般立交为既有工程,红色的枢纽立交为新建工程。

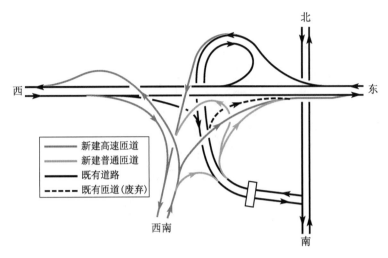

图 3-102　K 字形交叉(四)

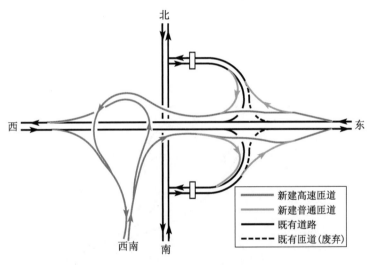

图 3-103　K 字形交叉(五)

方案布置在保留既有一般互通立交功能的基础上,实现新接入的一岔(西南岔)与东西主线的枢纽立交连接、与南北向地面道路连接,并尽量利用既有工程。布置方案如图 3-102、图 3-103 所示。

图 3-102 中,黑色虚线的既有匝道需要废弃改移,东西主线西-东方向的两出口宜合并。

图 3-103 中,东-北、南-东的两个既有出入口宜废弃;东西主线的西段,南北两侧仍各有两个出口和两个入口,是否合并可酌定,间距近时宜合并。

3.7.3　平面3个象限限制

平面3个象限紧张,布置条件更加局促了。基本思路是将前述小节中的匝道布置方式进行组合。

如图 3-104 所示,西北、西南、东南象限平面紧张,仅东北象限可布置环形匝道。图 3-104a)示意了四岔 8 条匝道的基本布设方案。

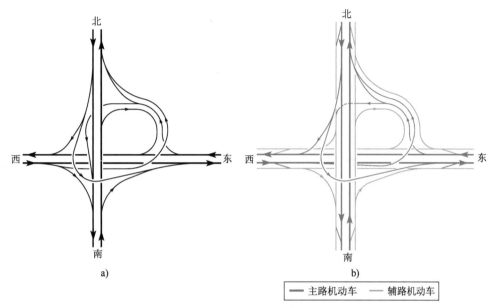

图 3-104　3 个象限受限的匝道布置(一)

当交叉道路除主路外,还有辅路时,有时主主之间和辅辅之间均实现全方向连接困难,可采用主辅混合连接共同实现互通的全方向连接。如图 3-104b)所示,各转弯匝道说明如下:

(1)北向西右转:条件方便,主主与辅辅均进行了连接。

(2)北向东左转:主主定向匝道;辅辅之间无直接连接,须经主主连接间接转换。其中辅-主流入、主-辅流出,超出了图 3-104 所示的范围。

(3)西向南右转:条件紧张,仅辅辅连接,主主无直接连接,须经辅辅连接间接转换。

(4)西向北左转:主主定向匝道;辅辅之间无直接连接,须经主主连接间接转换。其中辅-主流入、主-辅流出,超出了图 3-104 所示的范围。

(5)南向东右转:条件紧张,仅辅辅连接;主主无直接连接,须经辅辅连接间接转换。

(6)南向西左转:辅辅环形匝道连接;主主之间无直接连接,须经辅辅连接间接转换。

(7)东向北右转:条件方便,主主与辅辅均进行了连接。

（8）东向南左转：因西北象限无法布置环形匝道，将北向南辅路下穿分幅，东向南左转匝道在此辅路左侧流入。

以上所言间接转换，就是借助主辅出入口联合实现，详见 1.5.1 节。

如图 3-105 所示，东北、西南、东南象限平面紧张，仅西北象限可布置环形匝道。图 3-105 示意了四岔 8 条匝道的布设方案，其中东南象限右转匝道没有布置空间，只能跨象限 270°完成右转，属于迫不得已的布置方案。

图 3-105　3 个象限受限的匝道布置(二)

3.7.4　平面 4 个象限限制

互通立交区 4 个象限平面都很紧张，仅交叉中心不大的区域可供占用，这种情况方案布置比较困难，匝道布置需要详细测量控制条件、精确测算纵坡，分述如下。

3.7.4.1　直连式方案

平面 4 个象限平面均紧张，可以考虑充分利用竖向空间，首先考虑直连式方案，如图 3-106a）所示，匝道平面尽量向交叉中心收紧，方案简洁明了，竖向实体四层，匝道纵坡紧张；但该方案均为右进右出定向匝道，运行效率高，应作为首先考虑的方案。

图 3-106a）中仅示意了主路机动车交通，辅路和人非交通至少还需要一层，这样互通总体需要五层竖向实体空间，方案需要综合考虑。

将图 3-106a）中竖向减少一层，4 条左转半直连匝道由二层调整为一层，如图 3-106b）所示，图中点阵方形区域位于同一层面，4 条左转车道呈平面交叉，采用信号控制。该方案虽竖向减少一层,但进口匝道长度需要考虑信号阻停、储车因素,运行效果不理想。

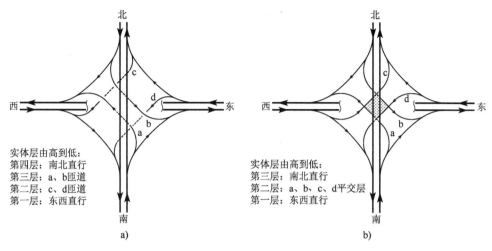

图 3-106　直连式方案

3.7.4.2　换幅式方案

4 个象限平面都比较紧张,如一条主线横向宽度相对宽裕一些,互通立交连接呈长条形布置,适应性强。这时可以考虑主线换幅式方案,如图 3-107 所示。所谓换幅,就是主线左、右两幅在互通区调换位置。换幅的特点是,换幅区大致一个环形匝道宽,匝道布置主要集中在换幅长条区域内;其缺点是主线直行交通须进行两次立体交叉,平面指标低。

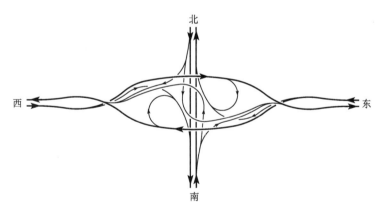

图 3-107　换幅式方案

3.7.4.3　哑铃形方案

如图 3-108 所示,为常规的全苜蓿叶形方案,共有 8 条匝道。

当 4 个象限平面均紧张时,常规全苜蓿叶形方案布置不开,几种哑铃形布置方案如下。

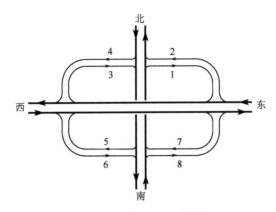

图 3-108　全苜蓿叶形匝道编号

方案 1：如图 3-109 所示，为 4 条环形匝道布置于东西向主线两端的哑铃型方案，展示了与上述全苜蓿叶形匝道编号的对应关系。该方案 4 条环形匝道均跨越东西向主线，充分利用了主线平面空间，竖向仅占用二层实体空间，匝道均为右进右出布置，总体适应性强，应作为首选方案。

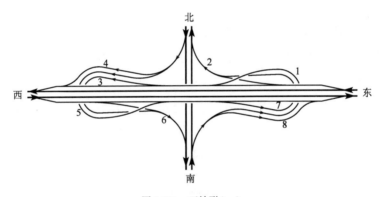

图 3-109　哑铃形（一）

方案 2：当图 3-109 方案东西向拉伸较长布置困难时，可以再向交叉中心收缩，如图 3-110 所示，展示了与上述全苜蓿叶形匝道编号的对应关系。较图 3-109 方案竖向增加一层，主要是东西两侧的两环形匝道相距较近所致。

方案 3：当图 3-110 方案一端 2 条平行的环形匝道布置受限时，可以通过交织运行的方式将其合并为 1 条匝道。如图 3-111 所示，该方案匝道均为右侧出入，缺点是环形匝道一般只能布置成单车道，须验算单车道通行能力。

方案 4：当竖向空间等布置条件更为紧张时，还可利用集散道交织运行，如图 3-112 所示，展示了与上述全苜蓿叶形匝道编号的对应关系。

该方案的环形匝道，如横向布置 2 车道，交织运行困难，基本不可行；如横向布置 1 车道（取消交织变道），须验算单车道通行能力。另外，东西向的集散道交通压力也较大。

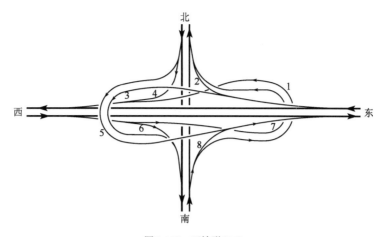

图 3-110 哑铃形(二)

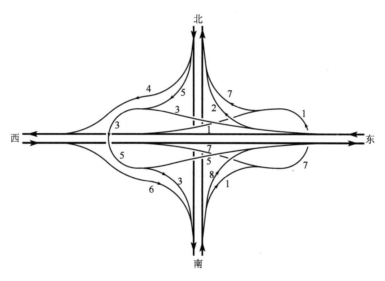

图 3-111 哑铃形(三)

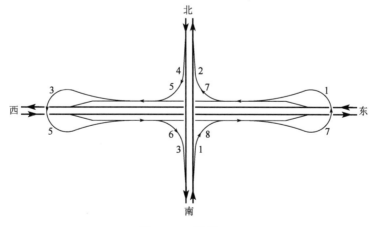

图 3-112 哑铃形(四)

该方案适合于条件限制十分严苛的情况。

方案5:受条件限制,图3-112的右转匝道难以布置时,也可以将东西向主线左右两幅拉开,部分左侧出入,如图3-113所示,该方案8条匝道16个出入点中,有12个是左侧出入。

该方案适合于条件限制十分严苛、东西向道路交通量不大的情况。

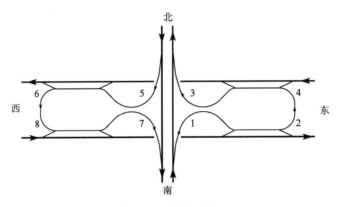

图3-113 哑铃形(五)

方案6:当一条主线布置成哑铃形方案,另一条主线条件更为紧张,一端可布置一个环形匝道,另一端没有条件布置匝道(如隧道进出口)。这样就形成了三铃形方案,图3-114展示了与上述全苜蓿叶形匝道编号的对应关系。该方案东西向东端的环形匝道需要承载1、4、6、7等4条交通流线,西向东方向的集散道上,需要承载6、7、1、8、4、5等6条交通流线,很容易拥堵,横断面须进行特殊设计。该方案适合于条件限制十分严苛的情况。

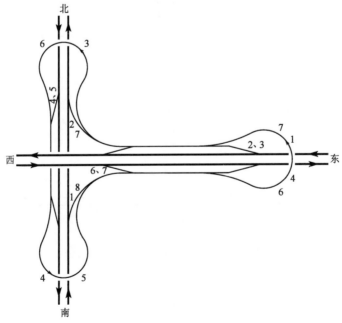

图3-114 三铃形

3.7.4.4　环形方案

环形方案的优点是充分利用交叉中心区域的空间,缺点是通行能力低,车辆运行相互干扰大。以下概述布置方案,详细可结合前述相关章节内容。

如图3-115a)所示,互通立交实体二层布置,辅路环形;东西向主路和辅路直行车辆直过,南北向主路和辅路提前合并,主路之间连接需要通过主辅出入口和辅辅环形联合实现;环形匝道承担转弯交通和南北向直行交通,压力较大。

如图3-115b)所示,互通立交实体三层布置,辅路环形;两条主线的主路和辅路直行车辆均直过,主路之间连接需要通过主辅出入口和辅辅环形联合实现;环形匝道仅承担转弯交通,压力减轻一些。

如图3-115c)所示,互通立交实体四层布置,两条主线的主路直行车辆均直过;设置两条环形匝道,一条用于主路转弯,另一条用于辅路直行和转弯。该方案竖向增加一层,主路之间直接环形连接,但辅路直行车辆需要走环形匝道。

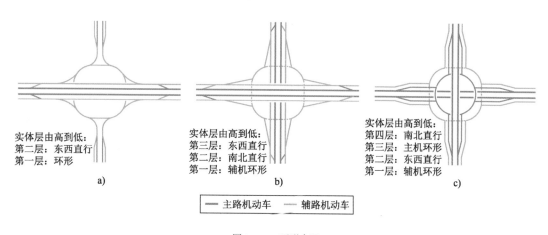

实体层由高到低:
第二层: 东西直行
第一层: 环形
a)

实体层由高到低:
第三层: 东西直行
第二层: 南北直行
第一层: 辅机环形
b)

实体层由高到低:
第四层: 南北直行
第三层: 主机环形
第二层: 东西直行
第一层: 辅机环形
c)

——— 主路机动车　　——— 辅路机动车

图3-115　环形布置

对于图3-115c)的四层布置方案,还有一个派生方案;如图3-116所示,辅路连接相同,差别在于主路,将其东西向直行调整到环形层,东-南和西-北两条左转匝道独立一层。

这要根据直行和左转交通量大小而定,一般情况下该派生方案不如图3-115c)所示的方案。

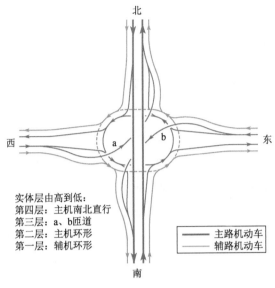

实体层由高到低：
第四层：主机南北直行
第三层：a、b匝道
第二层：主机环形
第一层：辅机环形

主路机动车 ————
辅路机动车 ————

图 3-116　环形 + 定向匝道

3.7.4.5　平交方案

4 个象限平面紧张，最直接的方案就是平交方案。转弯交通采用十字形平交布置，直行交通可以独立层直过，例如图 3-6 的实体三层、当量 1 层方案；当有必要机非分行时，人非交通可以再成一层，例如图 3-44 的实体四层、当量 2 层方案。

3.7.4.6　双梨形方案

如图 3-117 所示，实体三层布置。东西向位于最低层；南北向左右两幅竖向不等高，东高西低，两幅均设置左侧出入匝道。该方案充分利用了交叉中心的平面空间，缺点是左侧出入，运行习惯和安全性略差一些。

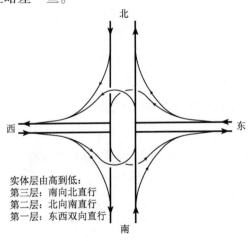

实体层由高到低：
第三层：南向北直行
第二层：北向南直行
第一层：东西双向直行

图 3-117　双梨形

3.7.4.7　街区绕行方案

如图 3-118 所示,4 个象限平面均紧张,但交叉区域街区路网发达,呈井字型分布。这时 4 条右转匝道可收紧在交叉中心布置,4 条左转匝道,可借用街区路网绕行。在限制条件十分严苛的情况下,不得已时可以采用该方案。

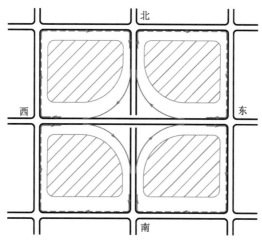

图 3-118　街区绕行布置

3.7.5　竖向空间限制

竖向空间限制有两种情况,一是竖向空间不足,二是竖向空间过大。

3.7.5.1　竖向空间不足

竖向空间不足的方案布置有两种思路:第一种思路是减少竖向实体层,第二种思路是分散布置。

减少竖向实体层的做法有如下几种:

1)放弃主主直连

对于十字交叉的两条交叉道路均为主路 + 辅路的情况,如果主主全方向 8 条匝道 + 辅辅全方向 8 条匝道都进行连接,需要 4 个当量层(实体层往往较多)。这时减少竖向层数的最简单做法是主主不直连,辅辅直连。

如图 3-119 所示,为主主不直连、辅辅全苜蓿叶形直连的方案,实体仅二层;主主之间的交通转换通过主辅合并转弯实现,详见第 1.5.1 节。

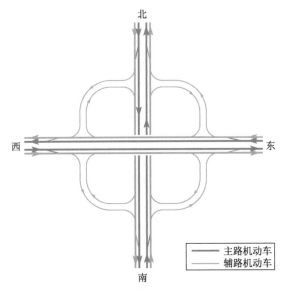

图 3-119 主主不直连、辅辅全苜蓿叶形

2) 匝道立交改为匝道交织

图 3-120a) 中,三岔 T 形互通立交,占用三个实体层。图 3-120b) 中,A、B 匝道局部路段合并呈交织运行,减少了一个实体层。两条匝道立交改为交织之后,能够减少一个实体层,可应用于各类匝道交叉。方案布置时,是独立立交还是合并交织,视布置条件和交通量验算情况而定。

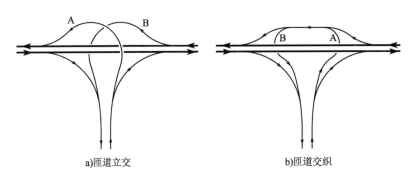

a)匝道立交   b)匝道交织

图 3-120 匝道立交改为匝道交织

3) 左侧出入

如图 3-121a) 所示,是常规的四岔直连式方案,一般需要实体四层。为减少竖向层数,将东西向主线横向拉开,并采用左侧出入方式,如图 3-121b) 所示,大致能减少一层。

如图 3-122a) 所示,是常规的四岔直连式方案,一般需要实体四层。为减少竖向层数,将交叉点分散布置,4 条左转匝道均采用左进左出直连式匝道,如图 3-122b) 所示,大致能减少二层。

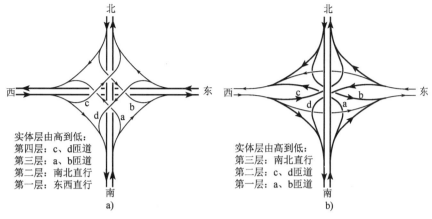

图 3-121 四岔直连式及其变形(一)

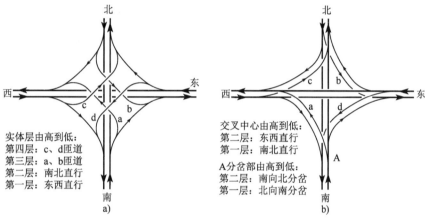

图 3-122 四岔直连式及其变形(二)

4) 匝道绕行

如图 3-123a) 所示,是常规的四岔直连式方案,一般需要实体四层。为减少竖向层数,匝道平面采用绕行方式,如图 3-123b) 所示,大致能减少二层。

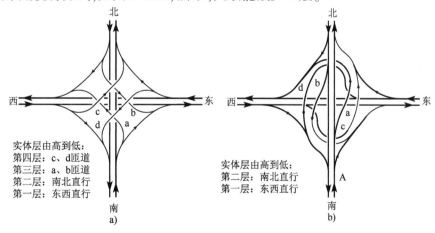

图 3-123 四岔直连式及其变形(三)

5）机非分行改为机非混行

机非分行,如人非交通占据一个实体层,当改为机非混行时,人非交通与机动车交通同一层面,竖向空间可减少一层。

立交方案总体布置中,机非混行与机非分行的选择,机非分行路径的选择,需要综合考虑交通需求和布置条件等影响因素,详见 1.5.4、1.5.5 节论述。

竖向空间不足,方案布置时,第二种思路是分散布置。

城市互通立交,一般有 3 项连接,即主主连接、辅辅连接和非非连接,方案布置时,一般情况下,3 项交叉连接的交叉中心是基本重合的。

当集中一点导致竖向空间紧张时,可以考虑将上述 3 项交叉连接中心分散布置。如图 3-124 所示,主主之间以双喇叭形分散到东南象限布置;辅辅和非非集中在交叉中心布置,以避免人非交通绕行过远。

图 3-124　主主双喇叭形、辅辅全苜蓿叶形

分散布置有时需要调整主线线位。人非交通速度慢,机动灵活,一般首先考虑调整,辅路次之。图 3-125 是一个平面和竖向空间均紧张的例子,铁路南侧限制十分严苛,不允许设置跨越铁路的匝道桥梁,铁路与东西向主线之间的横向距离也很紧张。在方案布置时,一是将辅路之间的平面交叉北移分散布置,在适当位置再拐回到主路两侧;二是将南向的主路右转匝道跨象限曲折布置,以满足不跨铁路要求。

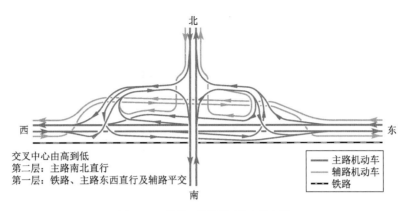

交叉中心由高到低
第二层:主路南北直行
第一层:铁路、主路东西直行及辅路平交

———— 主路机动车
———— 辅路机动车
-------- 铁路

图 3-125 铁路一侧受限时的布置方案

3.7.5.2 竖向空间过大

城市中跨越通航河流的桥梁,一般较高,与地面道路落差大,两者正常连接有困难,需要采用一些超常规的连接方案。

受落差控制,匝道总的绕行长度是确定的,匝道布置的影响因素主要有控制性地物和地面交通源的分布和连接。

以下列举几个示例。

(1)如图 3-126 所示,四岔交叉,双 T 形。匝道傍行两条交叉道路主线,两条主线范围平均升降高差,直到满足要求。适合于主线在升降坡范围内无须连接交通源的情况。

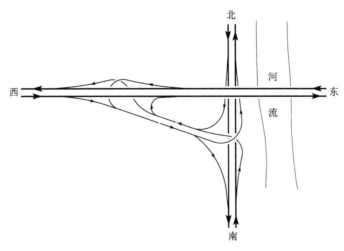

图 3-126 大落差布置方案(一)

(2)如图 3-127 所示,四岔交叉,匝道布置的主要思路是:南北向主线就近落地,落差绕行主要靠东西向主线的连接匝道,东西向主线向西连接范围受限制,只能在交叉中心西侧一定范围、充分利用主线桥下空间完成绕行。

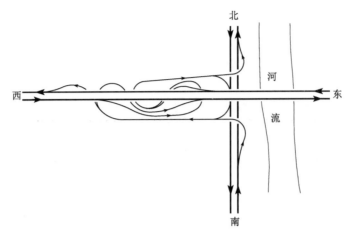

图 3-127　大落差布置方案(二)

(3)如图 3-128 所示,四岔交叉,T 形 + 回头形。匝道布置的主要思路是:南北向主线就近落地,落差绕行主要靠东西向主线的连接匝道,东西向主线向西连接范围不受限制,但南北两侧平面宽度受限。

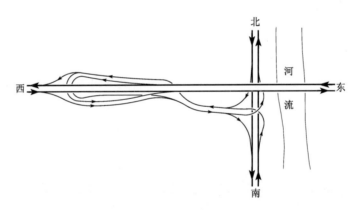

图 3-128　大落差布置方案(三)

(4)如图 3-129 所示,四岔交叉,T 形 + 喇叭形。匝道布置的主要思路是:南北向主线就近落地,东西向主线的匝道连接点和其他象限受限,匝道只能在西南象限范围内环绕约 900 度落地。

(5)如图 3-130 所示,四岔交叉,半苜蓿叶 + 环形。匝道布置的主要思路是:南北向主线就近落地,东西向主线的 4 条匝道集中在一个环形区内环绕约 540° 落地。

(6)如图 3-131 所示,是东西向主线环绕约 540° 落地的方案。该方案中,一种情况是三岔交叉,主线环绕落地与南北向道路呈三岔交叉。另一种情况是四岔交叉,但向西不远处有第二条南北向道路需要东西向主线就近落地连接,这样东西向主线只能在其东侧环绕降低高度(图3-131);当然,东西向主线正常直行、匝道环绕降低也是一个不错的布置思路。

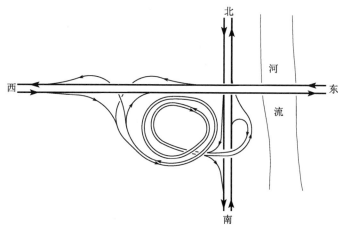

图3-129　大落差布置方案(四)

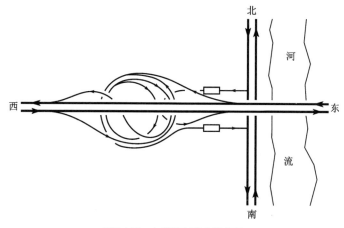

图3-130　大落差布置方案(五)

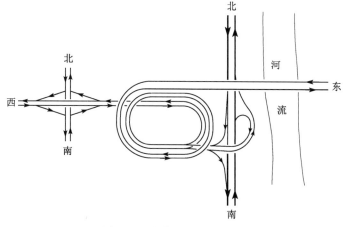

图3-131　大落差布置方案(六)

（7）如图3-132所示,四岔交叉,T形＋喇叭形。该方案中,总落差不是很大,适当拉长东西向主线上的喇叭形匝道和南北向主线上的匝道即可满足要求。

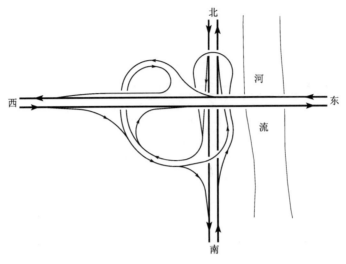

图3-132　大落差布置方案（七）

4 多岔交叉

近年来,随着城市范围扩展和交通路网加密,多岔互通立交有所增加。以城市环路为典型,在环路上互通立交已经比较密集的情况下,再接入一条放射形高等级道路时,因没有足够空闲路段作为连接点,往往只能接到既有的互通立交上,这就形成了多岔互通立交。多岔是指大于等于五岔。

多岔互通立交方案布置比较复杂,为了便于表述,本章论述的交叉道路仅为主路机动车。辅路和人非交通,参照前述章节布置,本章略。

4.1 多岔互通的方案分类

多岔互通立交方案比较复杂,难以按通常的平面形状分类,按前述当量层概念分类也不适合。本书从方案布置基本思路出发,将多岔互通立交方案分为以下三类。

1)点类方案

多岔互通的交叉道路大致相交于一点,各方向匝道连接集中于一点布置,把这类多岔互通方案称为点类方案,点类方案也称为集中式方案,是多岔互通立交方案中最为复杂的。

2)线类方案

将多岔交叉道路分散开来,多岔互通立交分解为 2 个(或 2 个以上)常规四岔或三岔互通立交,这些常规互通交叉点,呈直线或折线排列,把这类多岔互通方案称为线类方案。

线类方案又分为两种:

(1)分离式方案。

当线类方案的两相邻交叉点、常规互通立交之间的净间距大于规范规定的最小值时,2 个常规互通立交是相互独立的、分离的,称这种线类方案为分离式线类方案,简称分离式方案。

（2）复合式方案。

当线类方案的两相邻交叉点、常规互通立交之间的净间距略小于规范规定的最小值时，2 个常规互通立交采用复合方式布置，但各自的平面方案形状基本保留，称这种线类方案为复合式线类方案，简称复合式方案。

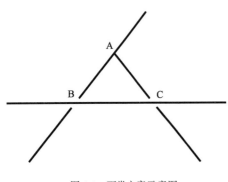

图 4-1　面类方案示意图

3）面类方案

当多岔互通的交叉道路相互交叉，将交叉中心区合围成一块封闭的平面区域，如图 4-1 所示，合围区多呈三角形、四边形或多边形（图中为三角形 ABC），N 边形的各交叉点为常规四岔或三岔互通立交，常规互通立交之间呈分离式或复合式，匝道设置可呈互补关系，把这类多岔互通立交总体方案称为面类方案。

4.2　点类方案（集中式方案）

集中式布置方案比较复杂。各流向之间虽然以匝道设计线条连通了，但不代表运行是通畅的，方案复杂难以辨识、分岔点指示的方向过多、在有限的长度上设置的分合流点过多等原因，都容易在运行中造成混乱和安全事故，进而影响互通立交总体方案的合理性和可行性。实际项目中有五岔的交叉全方向独立匝道布置方案，超过五岔的全方向独立匝道方案十分罕见。

本节做一些技术性探讨，侧重于互通立交方案的各方向连接和平面构形；实际工作中，如要采用这些方案，还须深入研究，综合各方面影响因素论证方案的可行性。

4.2.1　五岔/直连式 + 双喇叭形

如图 4-2 所示，为一个五岔互通立交的方案示意图。A、B、C、D 之间四岔以 8 条匝道直连式方案连接；第五岔即 E 岔，与 AB 之间采用单喇叭形 4 条匝道连接，与 CD 之间亦为单喇叭 4 条匝道连接。该五岔互通（一共 16 条匝道）实现了全方向连接。

设计的关键点在于出入口较多的匝道。DHNRTSA 匝道：3 个分流点 + 3 个合流点（均含主线分合流，下同）；H 分流部需要指示 B、E、A 三个方向。EMTSA 匝道：2 个分流点 + 3 个合流点；M 分流部需要指示 A、B、C、D 四个方向。

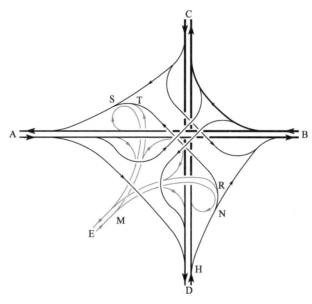

图4-2 五岔/直连式 + 双喇叭形

4.2.2 五岔/苜蓿叶 + 单喇叭形

如图4-3所示,为一个五岔互通立交的方案示意图。A、B、C、D 之间四岔以 8 条匝道全苜蓿叶形连接。第五岔即 E 岔,与 ABCD 之间采用8 条匝道连接,其中 BE 与 CE 的 2 条匝道合并,故实际为 7 条匝道;E 与 DC 之间连接呈单喇叭形,与 AB 之间连接的 4 条匝道分散并与相关匝道合并布置。该五岔互通(一共 15 条匝道)实现了全方向连接。

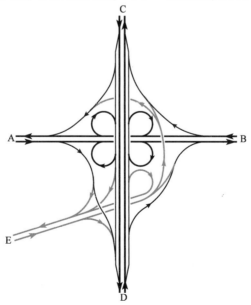

图4-3 五岔/苜蓿叶 + 单喇叭形

设计的关键点在于出入口较多的匝道。CD 主线两侧集散道：一侧有 4 个流出点和 3 个流入；D 分流部需要指示 B、A、E 三个方向。EC 匝道：3 个分流点＋3 个合流点；E 分流部需要指示 A、B、C、D 四个方向。

4.2.3　五岔/变形苜蓿叶＋变形单喇叭形

如图 4-4 所示，为一个五岔互通立交的方案示意图。A、B、C、D 之间四岔以 8 条匝道的单环变形苜蓿叶方案连接；第五岔即 E 岔，与 ABCD 之间采用 8 条匝道连接，其中与 AB 之间的 4 条匝道呈变形单喇叭形。该五岔互通（一共 16 条匝道）实现了全方向连接。

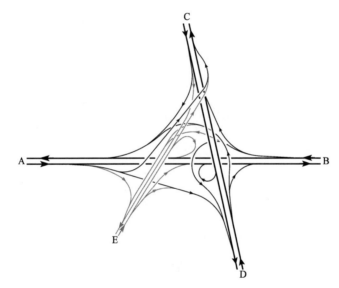

图 4-4　五岔/变形苜蓿叶＋变形单喇叭形

设计的关键点在于出入口较多的匝道。BE 匝道：3 个分流点＋3 个合流点；B 分流部需要指示 C、E、D 三个方向。EC 匝道：3 个分流点＋2 个合流点；E 分流部需要指示 A、B、C、D 四个方向。

4.2.4　五岔/3 喇叭形

如图 4-5 所示，为一个五岔互通立交的方案示意图。A、B、C、D 之间四岔以 8 条匝道的双喇叭形连接；第五岔即 E 岔，与双喇叭形的 BD/DB 匝道之间以单喇叭形连接。该五岔互通采用 3 喇叭形（一共 12 条匝道）实现了全方向连接，较通常的 16 条匝道少了 4 条。

设计的关键点在于出入口较多的匝道和交织运行的控制。

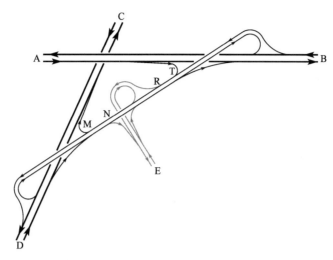

图4-5 五岔/3 喇叭形

BD匝道(DB匝道同)中,对于常规四岔双喇叭,T、M路段(单侧)交织运行情况见表4-1(交织×;不交织=,下同),仅AD与BC两条流线之间存在交织。

T、M路段(单侧)交织运行情况 表4-1

流线	运行情况	流线	运行情况	流线	运行情况
AD与AC	=	AC与BD	=	BD与BC	=
AD与BD	=	AC与BC	=		
AD与BC	×				

再叠加一个E岔的单喇叭之后,运行条件复杂多了。T、R路段(单侧)、短间距的出入口之间交织运行情况见表4-2,AD与BC、AD与BE、AC与BE六条流线之间存在交织。

T、R路段(单侧)、短间距的出入口之间交织运行情况 表4-2

流线	运行情况	流线	运行情况	流线	运行情况	流线	运行情况	流线	运行情况
AE与AD	=	AD与AC	=	AC与BE	×	BE与BD	=	BD与BC	=
AE与AC	=	AD与BE	×	AC与BD	=	BE与BC	=		
AE与BE	=	AD与BD	=	AC与BC	=				
AE与BD	=	AD与BC	×						
AE与BC	=								

N、M路段(单侧)、短间距的出入口之间交织运行情况见表4-3,AD与BC、AC与ED、BC与ED六条流线之间存在交织。

流线	运行情况	流线	运行情况	流线	运行情况	流线	运行情况	流线	运行情况
AD 与 AC	=	AC 与 BD	=	BD 与 BC	=	BC 与 ED	×	ED 与 EC	=
AD 与 BD	=	AC 与 BC	=	BD 与 ED	=	BC 与 EC	=		
AD 与 BC	×	AC 与 ED	×	BD 与 EC	=				
AD 与 ED	=	AC 与 EC	=						
AD 与 EC	=								

可见,以节省 4 条匝道取得五岔全方向连接的这类 3 喇叭形方案,运行条件不佳,交通量大时,3 喇叭形之间的两个路段很容易拥堵。

4.2.5　五岔/4 喇叭形

如图 4-6 所示,为一个五岔互通立交的方案示意图。A、B、C、D 之间四岔以 8 条匝道的双喇叭形连接;第五岔即 E 岔,与 AB 之间以单喇叭形连接,与 CD 之间亦以单喇叭形连接。该五岔互通采用 4 喇叭形(一共 16 条匝道)实现了全方向连接。

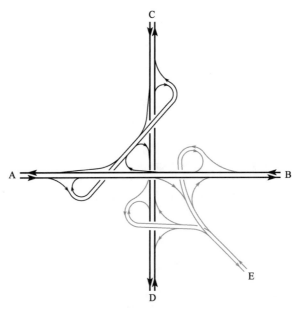

图 4-6　五岔/4 喇叭形

该方案 AB 和 CD 主线,单侧均有 2 出 2 入匝道连接,一般多设置分离式的集散道。

该 4 喇叭形布置方案五岔全方向连接,方案相对简明易于理解,便于设置收费站,有一定的可行性。

4.2.6　五岔/干字形/3喇叭形

如图4-7所示,为一个五岔互通立交的方案示意图。五岔交叉道路呈干字形,互通方案为3喇叭形。E与CD为单喇叭形,E与AB为双喇叭形;AB与CD之间均通过该3喇叭形绕行,其中BC绕行要经过3个喇叭。

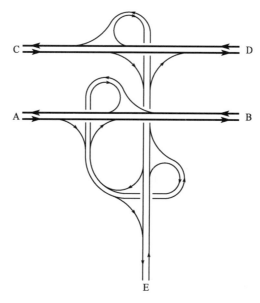

图4-7　五岔/干字形/3喇叭形

该方案匝道形式虽不复杂,但AB与CD之间的转换路径绕行远且复杂,普通驾驶员短时间不易理解。

4.2.7　五岔/干字形/苜蓿叶+双叶形

如图4-8所示,为一个五岔互通立交的方案示意图。五岔交叉道路呈干字形。E与CD之间,采用4条匝道的双叶形(相当于单喇叭形);E与AB之间,采用4环变形苜蓿叶形。五岔互通、10条匝道实现全方向连接。

图中红色的4条匝道是增补的,没有这4条匝道,原有的10条匝道理论上也能实现全方向连接。假设取消BD直连匝道,B点车辆绕行全苜蓿叶的3个环形匝道后,再经右转匝道到达D;假设取消BC半直连匝道,B点车辆绕行全苜蓿叶的3个环形匝道后,再绕行1个双叶形环形匝道到达C。这样的绕行路径,理论上是成立的,但实际运行中难以实现,故增补4条匝道是必要的。

图 4-8　五岔/干字形/苜蓿叶 + 双叶形

4.2.8　五岔/干字形/双 T + 单喇叭形

如图 4-9 所示,为一个五岔互通立交的方案示意图。五岔交叉道路呈干字形,互通方案为双 T + 单喇叭形。E 与 CD 之间为 T 形,E 与 AB 之间为单喇叭形;AB 与 CD 之间为 T 形 + 单喇叭形。总体上简称为双 T + 单喇叭形。

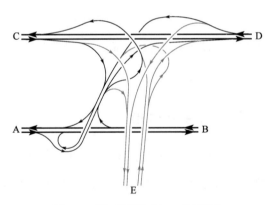

图 4-9　五岔/干字形/双 T + 单喇叭形

该方案匝道形式不算复杂,驾驶员理解总体容易一些,AE 双向连接辨识相对困难。

4.2.9　五岔/直连式

如图 4-10 所示,为一个五岔互通立交的直连式方案布置图,为 16 条匝道全方向互通,方案说明如下:

(1)主线出入口个数。CD 主线两侧均为 2 出 2 入;AB 主线两侧均为 1 出 2 入。这主要是从方向指示和交通量两方面考虑,不宜机械合并为 1 出 1 入。

(2)环形匝道。靠近 A 侧的环形匝道有交织,不宜设置双车道(交通量大时,可再平行增设一条环形匝道消除交织);靠近 B 侧的环形匝道无交织,因为单独增设了 BC 直连右转匝道。

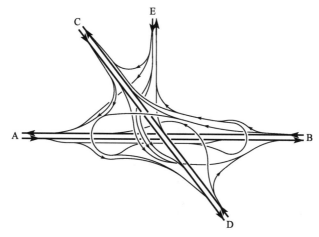

图 4-10　五岔/直连式

4.2.10　五岔/燕子形

如图 4-11 所示,为一个五岔互通立交的方案布置图,形似燕子,方案说明如下:

(1)机动车为五岔全方向立交,人非亦为五岔全方向。全互通立交布局紧凑,机非分行。

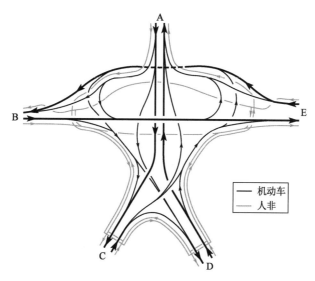

图 4-11　五岔/燕子形

（2）机动车布置的关键是将 BE/EB 主线的两向采用分离式布置，BE 为最高层，EB 为最低层。

BE/EB 分离式布置之后，采用左侧出入的直连式匝道布置，节省了平面和竖向空间。BE 双向分离且不等高布置，为匝道平面线形平顺连接提供了便利。

（3）人非路径中，为避免绕行过远，部分路段为双向通行。

4.2.11 六岔/4 喇叭形

如图 4-12 所示，为六岔互通立交的 4 喇叭形全方向连接方案示例一。

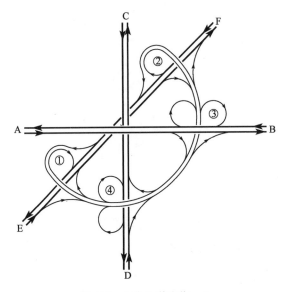

图 4-12 六岔/4 喇叭形（一）

图 4-12 中双叶形与单喇叭形相当。AB 与 CD 之间以③、④双喇叭连接，AB 与 EF 之间以①、③双喇叭连接，CD 与 EF 之间以②、④双喇叭连接。

六岔互通，通常需要 24 条独立匝道实现全方向连接；图 4-12 中 4 喇叭形 16 条匝道实现了全方向连接，减少的匝道由交织运行替代。该方案适合设置收费站的情况。

该方案中，③、④喇叭之间的连接匝道，需要承担通常双喇叭形 3 倍流向的交织运行交通，交通压力大，需要足够的长度和车道数。

该方案中，每条主线的出口，都需要标示 4 个方向。

该方案中，匝道布置相对简明，仅用 16 条匝道就实现了六岔互通的全方向连接。该方案顺畅运行的关键是明确路径和找准出口喇叭。对于互通立交设计者来说，容易理解，例如 ED 右转，需要绕行喇叭③和喇叭④；对于公路专业人员来说，需要花时间理解；而对于不熟悉路况、看不清全局、在现场的普通驾驶员，临场准确判断有难度。

如图4-13所示,为六岔互通立交的4喇叭形全方向连接方案示例二。

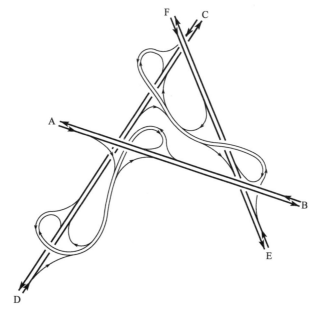

图4-13 六岔/4 喇叭形(二)

图4-13 中 AB 与 CD 之间以双喇叭连接,CD 与 EF 之间以双喇叭连接,AB 与 EF 之间未直接连接,需要通过上述4个喇叭绕行。

六岔互通,通常需要24条独立匝道实现全方向连接;图4-13中4喇叭形(16条匝道)实现了全方向连接,减少的匝道由交织运行替代。

该方案与图4-12方案对比如下:

(1)从交织运行角度,双喇叭形方案中间连接匝道存在交织运行,该方案4喇叭形分成2+2独立设置,交织运行情况相对轻。

(2)从收费站设置情况,两方案差不多,都是集中设置一处收费站。该方案仅适合设置1处收费站,不适合设置2处收费站(会出现重复收费情况)。

(3)从路径识别角度,两方案差不多,如无智能导航辅助,一些路径(如该方案的 AB 与 EF 之间)驾驶员现场识别困难。

4.2.12 六岔/3 苜蓿叶

如图4-14所示,为一个六岔互通立交的方案示意图,为3个全苜蓿叶全方向连接方案。一共24 – 3 = 21 条匝道,减掉的是内围三角形范围的3条右转匝道,由外围的3条右转匝道代替。

该方案形式简明,易于辨识,但占地面积大。

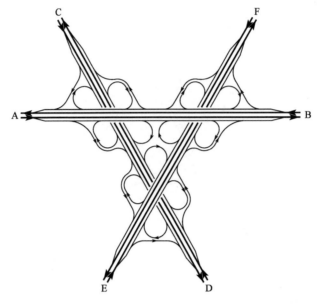

图 4-14　六岔/3 苜蓿叶

该方案 3 条主线的单侧都是 4 进 4 出,须设置与主线分离的集散道。

该方案也可以划属面类方案。

4.2.13　六岔/苜蓿叶 + 双喇叭形

如图 4-15 所示,为六岔互通立交苜蓿叶 + 双喇叭形的一种布置方案示意图。AB 与 CD 之间为全苜蓿叶形;AB 与 EF 之间为双喇叭形;EF 与 CD 无须另设匝道,通过该全苜蓿叶 + 双喇叭形方案可以实现互连互通。

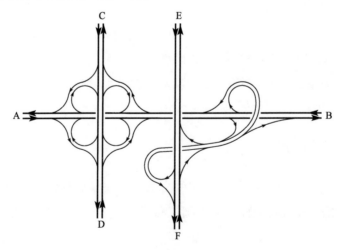

图 4-15　六岔/苜蓿叶 + 双喇叭形(一)

该方案形式简明,驾驶员不难辨识。该方案也可以划属线类方案。

如图4-16所示,为六岔互通立交苜蓿叶+双喇叭形的另一种布置方案示意图。AB与CD之间为双喇叭形,双喇叭贯通匝道与EF之间为全苜蓿叶形;AB与EF之间无须另设匝道,通过该全苜蓿叶+单喇叭形方案可以实现互连互通;CD与EF之间亦无须另设匝道,通过该全苜蓿叶+单喇叭形方案可以实现互连互通。相对于图4-15方案,该方案稍复杂,驾驶员辨识稍难一些。

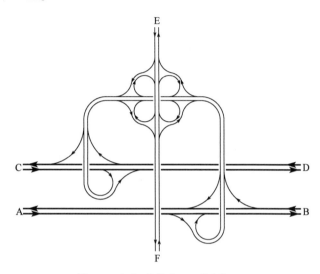

图4-16 六岔/苜蓿叶+双喇叭形(二)

4.2.14 六岔/葵盘形

如图4-17所示,为一个六岔互通立交的方案示意图,为葵盘形。除2条圆盘环形匝道(外环逆时针行驶、内环顺时针行驶)外,还有12条圆盘内侧左转环形匝道(简称小环左转匝道)和12条盘外右转匝道,一共24+2=26条匝道。六岔互通全方向连接。

以A点出发的车辆为例,各方向路径说明如下:

AE:盘外右转匝道AM+外环匝道MN+盘外右转匝道NE;

AF:小环左转匝道AG+内环匝道GK+小环左转匝道KF;

AD:盘外右转匝道AM+外环匝道MH+盘外右转匝道HD;

AC:小环左转匝道AG+内环匝道GI+小环左转匝道IC。

每一个角限,内外环形匝道上都有交织,且交织路段长度有限。例如AE角限外环匝道上MN段,有AD与CE交织;内环匝道上TR段,有FD与CB交织。为保证交织运行质量,内外环匝道一般不宜设置双车道。

各方向不内转弯,仅经外环匝道,亦可到达。

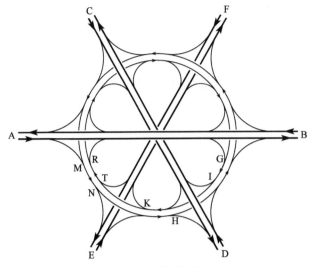

图 4-17 六岔/葵盘形

该方案形式对称简明,平面布局紧凑,竖向实体三层,容错性高;直行主线,单侧出入口不多,与全苜蓿叶形一致,为 2 进 2 出。该方案的缺点,一是难以控制车辆按照设计的路径行驶;外环虽远,但路径简明,可达各个方向,实际运行可能出现外环拥堵、内环空闲的情况。二是内、外环上,存在距离短且线形弯曲的交织路段。三是立交通行能力不大。

4.2.15 六岔/匝道交织形

如图 4-18 所示,是一个六岔全方向互通立交,平面和竖向都受限制,图中布置方案竖向大致实体二层,黑粗线形为相对主流方向。

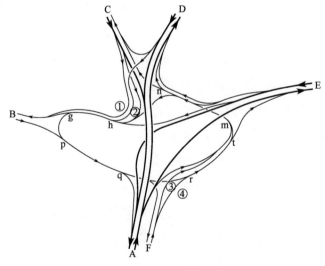

图 4-18 六岔/匝道交织形

高层主流向线形顺直,右进右出,完全立体交叉。

地面层次要流向,各方向没有条件建立主线直通＋匝道立交转向的通常交叉连接,均以匝道和环形平交连通,且有左侧出入。

地面层次要流向主要采用交织匝道形式,交织匝道主要有 hg、pq、rt、mn 四段,匝道横向设计须详细考虑各流向的转向特点。

②号匝道为 CA、CE 等左转方向,对于一般简单的环形匝道,可用①号匝道代替。但考虑到 hg 段横向车道数多,①号匝道横向跨越难度大,于是单独设置②号匝道,将其直接连接到 hg 段横向的左侧车道,以便于其左转弯。①号匝道为 CB 右转,横向可分离设置,以尽量简化 hg 段交通压力。

③号匝道为 FD、FC、FB 等左转方向,对于一般简单的环形匝道,可用④号匝道代替。但考虑到 rt 段横向车道数多,④号匝道横向跨越难度大,于是单独设置分离式③号匝道,将其直接连接到 rt 段横向的左侧车道,以便于其左转弯。

mn 段,为便于交织运行,将线形尽量拉直拉长,各流入流出点位置须详细控制,ED 右转匝道横向分离。

4.2.16　八岔/直连式＋环形

当岔数较多时,可将交叉道路分为高等级道路交叉和低等级道路交叉两个系统。如图 4-19 所示,将主要的 1、2、3、4 岔规划为高等级道路交叉系统,采用 8 条独立匝道直连式方案连接;将 5、6、7、8 岔规划为低等级道路交叉系统,采用环形交叉。两系统之间采用 8 条匝道连接。

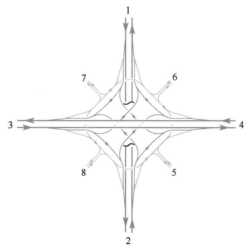

图 4-19　八岔/直连式＋环形

图 4-19 方案中,环形交叉是关键点。环形交叉理论上可以连接很多岔,而实际上环形交叉的通行能力很有限,交通量大时即使四岔也常拥堵瘫痪。图中的环形交叉,一共是八岔,可行性差。

为解决环形交叉岔数过多的缺点,也可将上述高、低两个交叉系统分散两点布置。

4.3 线类方案

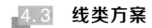

4.3.1 分离式方案

分离式方案的分离做法,要结合交叉道路的实际情况而定,以下分别论述。

4.3.1.1 五岔分离方式

如图 4-20 所示,将 a)五岔中较弱的 1 岔(假设为第 5 岔),从交叉中心分离,选择适当地点,将其与其余 4 岔中的某 1 岔(假设为第 4 岔)交叉于 A 点,如图 4-20b)所示。这样五岔互通就变为四岔 + 三岔的分离式布置方案,分离后的互通立交净间距(图中 MN 长度)应满足相关技术要求。

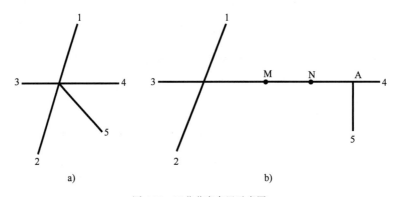

图 4-20   五岔分离布置示意图

如图 4-21 所示,为这种分离式方案的布置实例。第 5 岔与第 4 岔交角小,这两岔有一定的同向性,其锐角方向连接舍弃。

4.3.1.2 六岔分离方式

如图 4-22 所示,将 a)六岔中较弱的 2 岔(假设为第 5、6 岔),从交叉中心分离,选择适当地点,将其与其余 4 岔中的某 1 岔(假设为第 4 岔)交叉于 A 点,如图 4-22b)所示。

这样六岔互通就变为四岔 + 四岔的分离布置方案。A 点四岔交叉的布置可视道路 5-6 的情况而定,如为普通公路,可采用一般互通形式。分离后两互通净间距 MN 应满足相关技术要求。

图 4-21　五岔分离布置实例

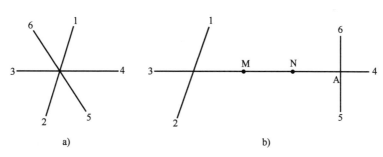

图 4-22　六岔分离布置示意图

这种分离式方案的布置实例多见,此不赘列。

4.3.1.3　七岔分离方式

如图 4-23 所示,为七岔互通示意图。将 a)七岔中较弱的三岔(假设为第 5、6、7 岔)从交叉中心分离,选择适当地点,与其余四岔中的某 1 岔(假设为第 4 岔)呈干字形交叉。图 4-23b)中的 A 点交叉、B 点交叉布置及其间距要求同前。

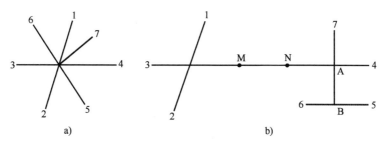

图 4-23　七岔分离布置示意图

如图 4-24 所示,为这种分离式方案的布置实例。

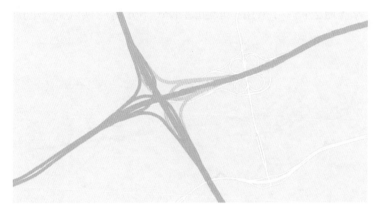

图 4-24　七岔分离布置实例

4.3.2　复合式方案

复合式方案,独立四岔或三岔的互通立交方案无须赘述,其要点是两独立互通之间复合路段的匝道连接设计,一般有加减速车道对接式、集散道式、立体交叉式三种布置方式,以下分别论述。

1)加减速车道对接式

如图 4-25 所示,东西两互通立交的净间距(AB 和 CD)略小于规范规定的最小值。①号匝道的加速车道与②号匝道的减速车道直接对接,③号匝道的加速车道与④号匝道的减速车道直接对接。这种复合方式称为加减速车道对接式,适合于主线和进出主线交通量均不大的情况。

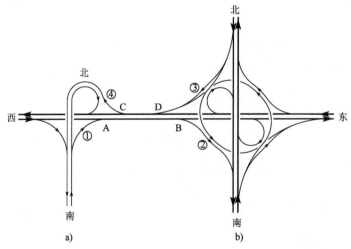

图 4-25　复合式布置示意图(一)

2）集散道式

如图 4-26 所示，东西两互通立交的净间距（AB 和 CD）略小于规范规定的最小值。在东西向主线两侧，设置贯通两互通立交的集散道，主线单向仅设置一对出入口，各匝道均先连接集散道，经集散道统一出入主线；集散道与主线横向一般硬隔离。这种复合方式称为集散道式，适合于主线和进出主线交通量均较大的情况。

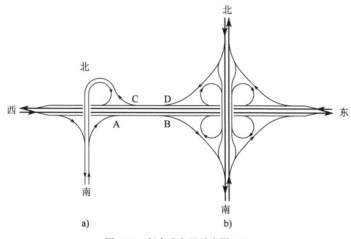

图 4-26　复合式布置示意图（二）

3）立体交叉式

如图 4-27 所示，东西两互通立交的净间距小于规范规定的最小值。因净间距过小，采用前两种复合方式无法满足要求，可采用匝道立交式连接，即两互通立交相邻的流出、流入匝道立体交叉，如图中的①号匝道与②号匝道、③号匝道与④号匝道。这种复合方式称为立体交叉式，适合于两互通立交净间距过小或者采用前两种复合方式交通量无法满足要求的情况。

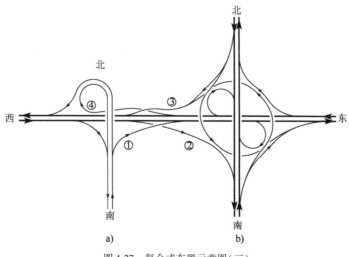

图 4-27　复合式布置示意图（三）

如图 4-28 所示,为这种复合方式的布置实例。

图 4-28　复合式布置实例

4.4　面类方案

4.4.1　五岔面类方案

图 4-29 为五岔交叉,交叉中心合围成三角形 ABC。B、C 点为常规的四岔交叉互通立交,A 点为常规的三岔交叉互通立交;相邻的常规互通立交之间按线类方案布置。这样布置而成的五岔互通立交方案称为五岔面类方案。

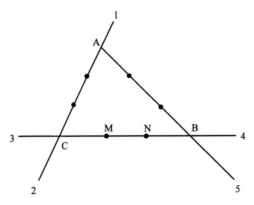

图 4-29　五岔面类方案示意图

面类方案中各交叉点常规互通立交,可以是相互独立的,各交叉点互通立交一般为全方向互通立交;也可以是各交叉点整体统筹解决该交叉区域的交通转换,匝道之间可以协调互补,各交叉点互通立交可以是部分方向。

以图中交叉点 C 为例,BCA 右转匝道可以省略,以 4BA 右转匝道 + BA 主线 + BA1 右转匝道互补代替;同理,ACB 锐角左转匝道可以省略,以 1AB 钝角左转匝道 + AB 主线 + AB4 钝角左转匝道互补代替。

采用相互独立的全方向互通还是采用协调互补的部分互通方案,视具体情况而定。仍以交叉点 C 的 BCA 右转匝道为例,当 BCA 匝道局部交通需求很小(三角形内部 BC 沿线,去往 A 向的交通需求很小),或者 BCA 象限不具备设置右转匝道条件,或者 BCA 右转绕行过远,或者缺少 BCA 匝道时可显著降低工程造价,当侧重考虑这些因素时就可以不设置 BCA 匝道,以相关交叉点的匝道互补代替。反之,就要设置 BCA 匝道,尤其是合围区范围较大时;协同互补只是设计者的设计思路,协同范围多大、哪两个互通匝道之间可以互补,路上驾驶员不易理解,待行至交叉点互通时,发现目标方向匝道缺失而无法转弯。

面类方案还有一个问题需要考虑,就是合围区 ABC 的使用问题。由于互通立交的建设,合围区土地的使用价值降低了,一是空间压抑问题;二是噪声、夜间车辆灯光、空气、土壤污染问题;三是进出合围区方便性问题。解决措施有:

(1)合围区征地时,各交叉点采用复合式布置方案,以尽量减小合围区面积;合围区不征地时,适当增大合围区范围,以减弱压抑感。

(2)合围区范围的主线和匝道全部或部分以桥代路,以减弱其压抑感、方便其进出、提高其土地使用价值。

(3)在临近敏感点路段设置声屏障、光屏障。

(4)从景观和减轻污染角度考虑,可增加绿化工程。

如图 4-30 所示,为五岔面类方案的布置实例,部分方向匝道互补设置。

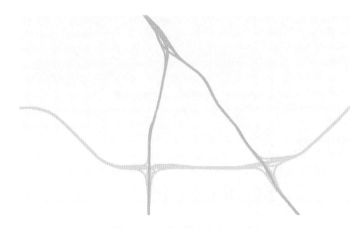

图 4-30　五岔面类方案布置实例

4.4.2　六岔面类方案

图 4-31 为六岔交叉,交叉中心合围成三角形 ABC。A、B、C 交叉点均为常规的四岔交叉互通立交,常规互通立交之间按线类方案布置。这样布置而成的六岔互通立交方案称为六岔面类方案。其他参考上一小节五岔面类方案。

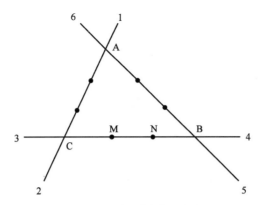

图 4-31   六岔面类方案示意图

图 4-32 为六岔面类方案的布置实例。

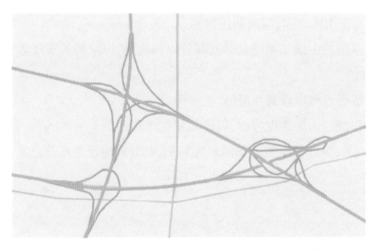

图 4-32   六岔面类方案布置实例

4.5 组合类方案

当交叉道路很多时,有时需要采用组合类方案。一种思路是点、线、面类方案之间的组合;另一种思路是将交叉道路分为两个系统,一是高等级道路之间交叉系统,二是低等级道路之间交叉系统,两系统之间以适当方式连接。

4.5.1 七岔组合类方案

图 4-33 为七岔交叉,采用六岔面类方案与三岔线类方案的组合类方案。具体可参考线类方案和面类方案论述。

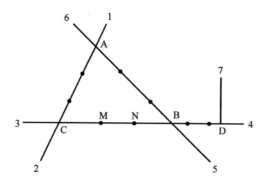

图 4-33   七岔组合类方案示意图

图 4-34 为七岔组合类方案的布置实例。

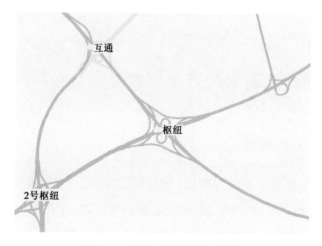

图 4-34   七岔组合类方案布置实例

4.5.2　八岔组合类方案

图 4-35 为八岔交叉。将 1～4 岔规划为高等级道路交叉系统,采用常规四岔交叉方案,匝道指标相对高;将 5～8 岔规划为低等级道路交叉系统,采用环形交叉方案。两个系统之间按线类方案连接布置。

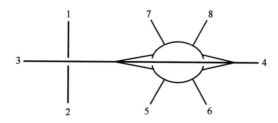

图 4-35   八岔组合类方案示意图

图 4-36 为八岔组合类方案的布置实例。

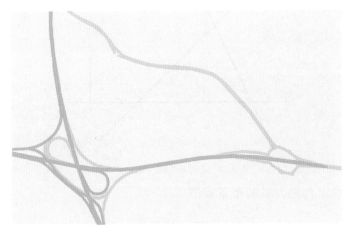

图 4-36　八岔组合类方案布置实例

4.6　小结（多岔互通立交方案布置要领）

4.6.1　多岔互通运行特征

多岔互通立交(以点类方案最为典型)运行较为复杂。优势:在一个交叉点实现了多向道路之间的互连互通,绕行距离短,总体交通转换效率高;存在的问题:一是互通立交的全方向性问题,二是多方向出口识别问题,三是出入口密集问题。

常规的三岔或四岔互通立交,即使是路况不熟悉的驾驶员,在地图上,也是容易理解其各匝道转向目标和路径的。在实地某一行车方向上,流出匝道的指示方向有 1~2 个,简单明了,陌生驾驶员也易于辨识;流入方向,合流的匝道也是 1~2 条,相互干扰不大,出入口间距易于满足要求。例如全苜蓿叶形互通立交,互通形式简单,桥跨少,集散道上的出入口虽然相对较多,但也只有 2 入 2 出,集散道线形平直,方向明了,运行没有问题。

多岔互通立交方案比较复杂,专业人员都要花些时间才能看懂全貌,不能要求普通驾驶员也能完全看明白。经常通过某多岔互通的驾驶员,一般也只是对某一特定路径熟悉,若临时改变目标,对新路径仍然是陌生的。

驾驶员进入一个多岔互通时,面临的第一个问题就是其目标方向是否连通,也就是互通立交是否全方向问题。多岔互通立交是否全方向、面类方案如何互补,除了设计者以外,其他人不易理解。若提前研究地图,大部分驾驶员能够找到有匝道连接的路径,但对于没有匝道连接的仍不能确定;有的驾驶员因方案复杂放弃图面研究,现场看标志;如果其目标方向根本没有设置匝道连接,但驾驶员并不知晓、不确定,则其在现场观望、犹豫、尝试性的行车行为,往往容易造成交通事故。

驾驶员面临的第二个问题就是如何找到正确的流出口。多岔互通,因连接的方向多,势必出现主线、匝道上的流出点多,或者主线集中流出需要标识的方向多而难以快速辨识。互通区主线一侧,设置多于1个流出点,驾驶员就容易在错误出口驶出。多岔互通可能需要设置2~4个流出点,如果主线上多点流出,各流出点间距短,陌生驾驶员快速准确识别流出点是有难度的;如果主线集中流出,该流出点标志往往要标识3~4个方向,之后还有2、3次分岔选择,陌生驾驶员均快速准确识别流出各分岔点也是有难度的。

驾驶员面临的第三个问题就是多出入口匝道运行的相互干扰问题。多岔互通,部分匝道上出入口密集的情况是必然的,驾驶员找到正确出口进入匝道行驶,接下来面对的就是匝道上密集出入口的干扰和2、3次分岔的准确识别问题。出入口多,就意味着匝道上的交通量大、相互干扰严重、分岔识别困难,这都容易促发交通事故。

随着智能导航技术的发展,上述问题得到了很大程度的缓解。但方案复杂、分岔密集的基本情况是客观存在的,并非"一导全灵",互通立交方案布置时需要综合、深入考虑,避免简单随意的图面连通设计。

4.6.2 多岔互通方案布置要领

1)总体原则

(1)多岔互通立交方案布置,首选线类方案,次选面类方案,不得已选择点类方案。这主要是从简单易辨、利于安全顺畅通行的角度考虑的。分离式方案是相互独立的常规互通立交,辨识和通行没有问题;复合式方案,也是容易识别出两个独立互通立交形式的,一般问题也不大;面类方案匝道互补有一定问题;点类方案(集中式方案)最复杂,问题最突出。

(2)多岔互通立交布置,不能仅做线形连接连通设计,要同时加强通行能力验算、交通标志设计、仿真运行分析等。

(3)多岔互通立交,一般需要占用很大的平面和竖向空间,城市区要考虑城市空间景观因素。

2)点类方案(集中式方案)布置要领

(1)是否全方向连接。

集中式方案,是为了方案简化尽量舍弃部分方向连接,还是尽量全方向连接,这是首先要思考的问题,目前尚存争议。

本书认为,点类方案宜尽量按全方向连接布置,以体现多岔互通多向连接功能,避免驾驶员疑惑和误行。可连可不连的,尽量连接;明显无需求的,可不予连接。

(2)点类方案的极限岔数。

点类方案(集中式方案),如果采用独立匝道实现全方向连接,五、六、七岔互通分别需要16、24、36条匝道。目前应用实例有五岔全方向16条独立匝道连接的,超过五岔的全方向独立匝道连接实例罕见。

可以认为,主线直通的点类全方向独立匝道连接方案,只适合五岔交叉,六岔及其以上基本不适合;如果以匝道代替直通主线,伴以交织匝道,更多岔的点类方案也可布置。

(3)主线出入口数量。

对于常规的四岔和三岔互通立交,将主线上的出入口进行归并,实现主线单向1出1入,这是常见的做法。

但该做法有个前提,就是归并后的匝道进出口,通行能力要满足要求。对于早期新建工程,这样归并一般没有问题;对于目前高等级道路改扩建工程,互通立交转向交通量往往很大,是否归并要进行通行能力验算。

对于多岔交叉互通立交,多条道路汇集在一起,转换交通量大,主线出入口不宜轻易归并。一是归并造成交通量过于集中于某条匝道;二是当一个出口的目标方向过多时,标志设置和识别困难,有时需要将出口一分为二。

主线上的出入口过多显然也不合适,单向最多以2出2入为宜。

(4)匝道出入口数量。

对于多出入口匝道,理论上行得通,实际运行可能行不通,方案布置时,须深入考虑。1条匝道上最多以2入2出为宜,再有连接需求时,宜增设同向匝道;环形匝道上不宜设置交织运行,有交通需求,宜增设平行环形匝道。

(5)互通布置范围。

多岔互通立交,主线和匝道上的出入口多,为运行顺畅和安全,宜适当加长互通区主线长度和匝道长度,互通布置范围也较常规独立互通立交大,不宜片面追求紧缩布置。

(6)加强交通标志设计。

多岔互通立交集中式方案,各出入口和互通区的交通标志布置很重要,需要专项设计。而实际设计状况不尽理想,大多是运行期间以问题为导向不断调整完善。

(7)加强仿真分析。

对于多岔互通立交点类方案,方案布置过程中,宜加强仿真运行分析,以保证实际运行顺畅,进而保证互通立交布置方案可行。

3)线类方案布置要领

线类方案布置,主要是尽量加大两互通立交间距,尽量采用分离式方案;复合式方案,交通流复杂,出入口间距近,对车辆顺畅安全运行不利。

线类方案布置,交通标志设置虽没有点类方案复杂,但也比常规独立互通立交复杂,也须专项设计。

4)面类方案布置要领

(1)合围区范围适当增大。

合围区多边形的边长一般在 1km 以上,扣除立交布置面积后,内围剩余净面积至少数百亩,道路建设项目一般不予征用。

既然合围区土地不全部征用,面类方案总体布置时,宜将合围区范围适当增大,如边长 3km 左右。适当增大的优点:一是减少合围区的压抑感,便于土地利用;二是便于两相邻交叉点互通立交布置。

(2)合理布置互补匝道。

面类方案,各交叉点互通立交,可以按不全方向互通布置,缺省匝道由相应方位互通的相应匝道互补代替。然而,是否互补布置,是需要综合考虑的。

互补设置节省了工程造价,通过互补匝道,在面域范围内可以实现全方向转弯。但互补设置也有缺点,一是驾驶员不易理解,尤其是合围区范围较大时,协同互补只是设计者的设计思路,协同范围多大、哪两个方位的匝道可以互补,路上驾驶员难以快速全面理解,待行至交叉点互通时,发现目标方向匝道缺失而无法转弯;二是不利于缺省匝道附近区域的车辆上下,进而降低了该区域使用和潜在开发价值。

因此,匝道缺省需慎重。两主线小角度交叉锐角象限连接、附近区域目前和长远几乎没有交通流发生时,该方向匝道可以缺省,由相应方位互通匝道互补代替;否则,宁愿"重复"设置,不宜轻易缺省。

(3)保持独立互通立交间距。

各交叉点独立互通立交之间间距尽量满足规范规定的最小值,即尽量按分离式方案布置。

5 其他连接

5.1 主辅混合连接

前面几章阐述的互通立交布置方案,对于"主路 + 辅路 + 人非"的交通组成,机动车连接布置都是主机与主机连接、辅机与辅机连接,这也是采用较多的连接方式,本节简述主机与辅机混合连接。

主辅混合连接,有减少连接和增加连接两种情况,都是相对于一个流向设置 2 条匝道(主主和辅辅各 1 条)的基本情况而言。

5.1.1 减少连接

减少连接,常见的情况是,对于"主路 + 辅路 + 人非"的交叉道路交通组成,受条件限制一个流向仅设置 1 条机动车匝道,主、辅共用。这条匝道的布置形式,一类是主辅合并转弯,有主主匝道、辅辅匝道、独立匝道三种形式,详见 1.5.1 节;另一类是交叉连接,即匝道一端连接主路(辅路),另一端连接辅路(主路)。

一个流向仅设置 1 条匝道,主主之间和辅辅之间均要连接,可以借助主辅出入口(几何布置见图 1-8)联合实现。这种主辅出入口,理想的情况是设置在匝道分流点之前和匝道合流点之后的适当距离处,使得流出段、交织段、流入段通行均较顺畅;受条件限制时,也可设置在立交区之外,或者立交中心路段。

如图 5-1 所示,是一个单喇叭形互通立交,混合连接情况说明如下:

(1)辅路西向东直行,无专向路径直接连通,通过 A 点主辅出入口辅路流入主路,主辅合并直行,再于 B 点主辅出入口主路流出到辅路。这样,通过混合连接间接实现了辅路直行。

（2）辅路东向南,未设置专向匝道,通过 CD 匝道汇入主机东-南向匝道,与主机匝道合并通行,再于 G 点主辅出入口主机流出到辅机。

（3）辅路南向西、南向东,未设置专向匝道,通过 E 点汇入主机匝道,与主机匝道合并通行,再于 F、H 点主机流出到辅机。

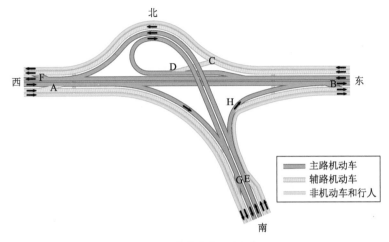

图 5-1　单喇叭形互通立交

如图 5-2 所示,是一个 T 形互通立交,混合连接情况说明如下:

（1）辅路西向东直行,没有专向路径直接连通,通过 A 点主辅出入口辅路流入主路,J 点主路流出到主机匝道,再于 B 点匝道分岔流出,到 E 点连到辅机。

（2）辅路东向南,未设置专向匝道,通过 FG 匝道汇入主机东-南向匝道,与主机匝道合并通行,再于 I 点主辅出入口主机流出到辅机。

（3）辅路南向西、南向东,未设置专向匝道,通过 C 点汇入主机匝道,与主机匝道合并通行,再于 H、D 点由主机流出到辅机。

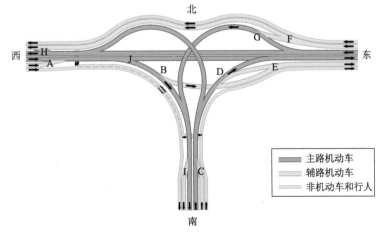

图 5-2　T 形互通立交

5.1.2 增加连接

增加连接,是一个流向已经布置了主主和辅辅 2 条匝道(或者非匝道形式连接),由于设置条件方便或者特殊需要,再额外增加一些连接,以提高交通疏解效率。

如主机匝道末段,在此点有流入辅机的需求(或因前后主辅出入口距离较远),设置条件又很方便,就另外增加了主机-辅机的连接。

这种布置方式需谨慎,尤其是双车道匝道,末段会因此布置产生交织运行,不要因为增加连接反而造成了混乱。

5.2 复合道路连接

前面几章论述的立交方案,一条交叉道路的主路、辅路、人非大多处于一个平面上。近年来,随着交通量的快速增长,在现有道路上增建同向高架道路的情况渐多,本节就简述这种路线走向平行、上下两层布置的复合道路的交通转换连接方案。

5.2.1 复合类型及其功能分析

上下复合道路,常见的有两种类型:第一种,快速道路与城市干道复合;第二种,快速道路与快速道路复合。这里的快速道路,指高速公路或城市快速路;城市干道指城市主干路或次干路。

上下复合道路,上层道路(也称为主要复合道路),一般承担过境、长途、相对快速、高接高交通;下层道路(也称为次要复合道路),一般承担区间、短途、相对慢速、低接低交通。这是一般情况,具体项目需详细分析上、下层道路的各自功能,这是做好复合道路连接的根本。

判断一条道路的功能,不仅要看项目批复文件陈述,还要考虑项目沿线的实际交通情况。由于投资主体和城市交通规划等因素影响,名义上是高速公路,实际同时承担城市快速路功能的项目也不少。连接方案要结合具体情况,综合分析把握。

5.2.2 快速道路与城市干道复合

5.2.2.1 交通转换连接的总体考虑

复合道路的交通转换连接,包括复合道路与横向交叉道路连接和复合道路内部连接两种。

1)复合道路与横向交叉道路连接

复合道路(上层道路和下层道路)与横向交叉道路的连接,前面四章已有详细论述,快速道路与城市干道复合时,其交通转换连接要点如下。

(1)横向道路等级较高,如高速公路,城市快速路(无辅路),双向8、6车道的主干路(无辅路)横向道路大多只与上层主要复合道路交叉连接,可不与下层次要复合道路交叉连接;当某流向次要复合道路连接需求很大时,也可同时连接。

(2)横向道路横断面为主路+辅路布置,交通组成为主机+辅机+人非,一般情况下,主路与上层主要复合道路、辅路与下层次要复合道路均需连接。

(3)横向道路为等级较低的城市道路,一般只与下层次要复合道路连接,连接方式多为平面交叉。

2)复合道路内部连接

(1)复合道路内部连接,即上层道路与下层道路连接,设置上下联系匝道,也简称上下连接。内部连接一般有三种功能,一是完成上层道路的交通转弯,横向道路交叉点处上层道路没有条件设置立交匝道,下层道路设置平面交叉或互通立交,在交叉点上、下游设置下、上匝道,可以实现上层道路的交通转弯;二是完成上层道路的交通集散,当上层道路不设置或较少设置互通立交时,上层道路的交通集散需通过设置上下联系匝道实现;三是上、下两路构成主备关系(一路不通或拥堵时,另一路可以替代恢复交通),实际项目仅为主备关系设置专用上下联系匝道的情况较少,大多是其他需求设置的上下连接兼顾形成了一定程度的主备关系。

(2)当主要复合道路为高速公路时,一般情况下,其仅承担城市过境和出入交通,不承担城市区间交通,这时复合道路内部连接需求不大甚至不需要。实际应用中,如果下层城市干道等级和指标不高、通行能力低,且改扩建困难,上层高速公路往往需要兼顾城市快速路功能,这就需要适当增加上下联系匝道。

(3)当主要复合道路为城市快速路时,一般情况下,其主要承担城市区间交通和出入交通,这时复合道路内部连接需求较大。

5.2.2.2 上下连接布置要点

1)上下连接数量

复合道路的上下连接数量(在城市快速路上也称为出入口数量),一是要平衡好上、下两层道路各自的服务水平,二是要满足相应的出入口最小间距要求。上下连接数量多,上、下层之间联系方便,但对主要复合道路的交通干扰也大;上下连接数量少,主要复合道路服务水平高,但上、下层之间联系相对不便。据统计,我国大城市城市快速路出入口的平均密度为0.6处/公里(1处相当于1对,互通立交处单侧按1处计)。

2)上下连接总体布置

(1)对于上层主要复合道路,上下连接布置不宜密集,以保证其服务水平。

(2)对于下层次要复合道路,上下连接要统筹考虑项目全线的各种横向道路交叉(含右进右出式),总体布置宜分散、均衡,避免集散交通量过于集中。

(3)设置在地面平面交叉附近的上下连接,下层连接是靠近主干路平交口,还是靠近临近的次干路平交口,需要预判连接之后的交通状况。连接后不至于拥堵的,首选主干路平交口布置;当主干路平交口现状交通繁忙,而临近次干路平交口交通量不大,次干路道路状况良好,与相邻路网联系通畅,下层连接宜布置在次干路平交口附近。

(4)设置在地面平面交叉附近的上下连接,上层连接一般采用先出后入式,即下匝道布置在平交口上游,上匝道布置在平交口下游。

当两个相邻地面平面交叉间距较近时,先出后入式布置可能导致上层主要复合道路上的入口-出口间距紧张。这时也可按先入后出式布置,即上匝道布置在平交口上游,下匝道布置在平交口下游;这样布置,入口-出口间距紧张路段就转移到下层道路上了,下层直行交通也可立交直过平交口;平交口间距过近时,下匝道与上匝道可立体交叉。

(5)当项目全线横向交叉道路的互通立交密集、间距小,复合道路内部连接的上下联系匝道没有独立设置位置时,可考虑与互通立交匝道合并设置,如图5-3所示。

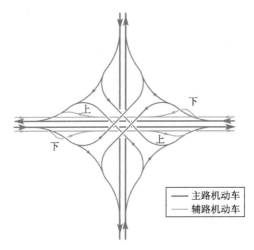

图5-3 上下连接合并布置

(6)上下连接同向次要复合道路连接不便时,主要复合道路也可与地面横向道路直接连接,如图5-4所示。当然,这种连接也可划属横向连接。

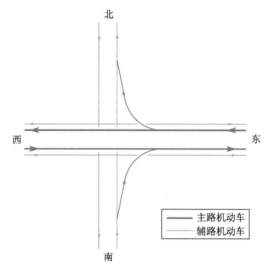

图 5-4 上下连接转弯布置

3）上下连接几何布置

（1）上下连接的上层主要复合道路接点，应布置在道路横断面右侧，且需设置变速车道；下层次要复合道路上的接点，横向布置视具体情况而定，有条件时设置变速车道。

（2）次要复合道路上的入口布置。

下匝道前方有平交口时，其在次要复合道路上的入口横向布置，在布设条件允许的情况下，主要考虑接点位置和交通量分布影响。

下匝道终坡点至前方平交口停车线的距离 L，宜大于 140m。

①当 L 远大于 140m 时，下匝道一般于下层道路右侧合流；如下匝道左转交通量差异性大，也可于下层道路左侧合流。

②当 L 接近 140m 时，下匝道左转交通量大，于下层道路左、直之间合流；右转交通量大，于下层道路直、右中间合流；左、右转交通量相当，两者均可。

③当 L 小于 140m 时，不宜布置合流点。必须布置时，需采取特殊措施。第一种措施：下层道路提前进行左、中、右变道，以减轻合流段的交织压力；第二种措施：下匝道与下层道路分别并列（两组左、中、右）接于平交口停车线，采用特殊信号控制通行。

当下层道路横断面为主路 + 辅路布置时，下匝道一般于主路右侧或中间合流，辅路是否同时连接，视具体条件而定。

（3）次要复合道路上的出口布置。

上匝道后方有平交口时，其在次要复合道路上的出口横向布置，与下匝道入口布置有一定类似。

后方平交口至上匝道起坡点距离 S，宜为 50 ~ 100m。

①当 S 远大于 100m 时,上匝道一般于下层道路右侧分流。

②当 S 为 100m 左右时,上匝道一般于下层道路中间或右侧分流。

③当 S 小于 50m 时,不宜设置分流点。实际项目,条件紧张也有设置的,甚至有上匝道与下层道路并列起于平交口的。

当下层道路横断面为主路 + 辅路布置时,上匝道一般于主路右侧或中间分流,辅路是否同时连接,视具体条件而定。

(4)入口合流部,在一定长度范围(可按 3s 行程控制),宜保持两合流道路设计高程基本齐平,以利于两流线车辆互相通视,进而提高合流安全性。

5.2.3 快速道路与快速道路复合

快速道路与快速道路复合,包括高速公路与高速公路复合、高速公路与城市快速路复合、城市快速路与城市快速路复合三种情况,后者少见,这里仅述前两种情况。

复合道路连接的基本要求,见前两小节,本节为差异性论述。

5.2.3.1 高速公路与高速公路复合

两条高速公路上下复合,一般下层为既有高速公路,与相关节点(枢纽路网和经济节点)已有连接,现状交通客货混合,交通量逐渐饱和,于是增建上层高速公路。

1)横向交叉道路连接

两条高速公路复合道路与横向交叉道路连接,主要指互通立交连接,这里合并了属于内部连接的上下匝道连接内容,按以下两种情况论述。

(1)上、下层车型相同。

上、下层车型相同,这里是指上层和下层均为常见的客货混合交通,互通立交连接方案有以下几种。

①方案 1:每个节点上、下两层均予连接。

每个节点上、下两层均予连接,连接方案为当量 4 层或上下联系匝道,具体结合交叉点布置条件而定(下同)。

上、下两层均予互通连接,驾驶员可在上、下层之间自由选择切换;实际运行中,长途、过境类交通多走上层,短途类交通多走下层。

a. 当量 4 层是指上层与横向道路交叉当量 2 层 + 下层与同一横向道路交叉当量 2 层,这与标准的当量 4 层略有差别,为简便统称为当量 4 层(下同)。

该连接方案成立的前提是横向交叉道路通行能力(含改扩建后,下同)能够适应,因其需要连接当量 4 层互通立交。另外,当量 4 层方案体量大,交叉点的实体空间条件和景观适应因素也需要考虑。

b. 上下联系匝道方案是指上层与横向交叉道路不直接连接,而是通过设置上下联系匝道经下层立交间接实现交通转向,一般是在下层立交上游设置下匝道,下游设置上匝道。上下匝道布置占用空间小,城市高架路应用较多。

该连接方案成立的前提,一是下层主线路段具备上下匝道的布置空间;二是下层立交匝道具备合适的通行能力(需要承担上、下两条道路的转向交通量);三是横向交叉道路具备合适的通行能力。不顾及通行能力盲目连接,连接后可能造成交通更加拥堵甚至瘫痪,是不可取的。

②方案 2:大小站布置。

城市公交的大小站,是指同一条道路上不同类别的车次安排,可根据交通情况动态调整。把这一理念引入到上下复合道路的交通转向连接布置,需结合具体情况而定。

大小站布置,一般下层为"小站",连接全部或绝大部分节点。上层为"大站",以过境、长途及枢纽转换交通为主,横向连接以高速公路和其他重要道路为主;连接方案为当量 4 层或上下联系匝道。高速公路一般予以连接;其他重要道路,需要对项目影响区内(尤其是横向道路直连的)经济节点的交通性质进行全面深入分析,尽量选择中长途交通量大、能有效缓解下层拥堵、连接之后不至于产生新拥堵的节点道路,不宜仅以道路等级、经济节点大小机械划分和连接。

上层"大站"横向连接总数量一般要加以控制,保证上层处于适当的服务水平,避免连接过少导致交通量偏小或者连接过多导致交通拥挤的情况。

③方案 3:视条件连接。

上、下两层高速公路,多因现状下层已经拥堵而增建高架上层。因建设条件限制,上层与下层的功能可能无法系统分清,或者功能可分清但上层无法进行全面系统连接,只能视现状建设条件进行有限连接,适当解决(可能无法完全解决)下层拥堵问题和尽量完成上层交通集散;上、下两层不能完全自由选择切换,一些节点上层或下层可能缺失连接。

a. 一般互通立交。

一般互通,下层大多已经连接,具备复加连接条件的,上层可予连接,连接方案为当量 4 层或上下联系匝道;不具备复加连接条件的,可考虑增设新的连接点。

新的连接点可只连上层,也可上、下均连;可增设横跨主线的集中布置的互通立交,也可按主线单侧出入口(右出右入式)、两侧分别布置,单侧出口与入口也可分离布置。

如果既不具备复加连接条件,也不具备增设新连接点条件,上层只能放弃就近连接。

b. 枢纽互通立交。

枢纽互通,下层未连接的,上层应予连接。下层已连接,具备复加连接条件,上层可予连接,连接方案为当量4层或上下联系匝道;不具备复加连接条件,上层只能放弃连接。

(2)上、下层车型不同。

上、下层车型不同,交通转向连接需要考虑的因素更多,横向交叉道路流入复合道路的车辆,流入前要先完成路径分离,即流入上层车辆与流入下层车辆,按车型和行驶目标进行路径分离;复合道路流出后汇入客货混合的横向交叉道路,易于处理,此处省略。

路径分离,一般是在横向交叉道路上先行集中流出,之后分离;如果某一流向,在横向交叉道路上直接按上层车型与下层车型设置两个流出点,布置方案和流出交通引导难度较大。

上、下层车型划分主要有以下两类情况。

①上客、下客货类。

上客、下客货类,一条横向交叉道路,上下层均予连接、均不予连接、下连上不连的布置方案可行,上连下不连的方案一般不可行。

a. 一般互通,连接方案基本同前;不同的是,流入车辆要先完成路径分离,之后分别流入目标层,上层仅限客车,下层客货均可。

收费站区路径分离,宜于同一站址实施。如果客车出入收费与货车出入收费相互独立且分离较远,布置方案和地面交通引导难度大。

上下匝道布置方案,上匝道为客车专用,其流出路径分离在下层主线一般路段完成。

b. 枢纽互通,如果下连上不连,维持现状下层连接即可;如果上、下两层均予连接,可以采用当量4层方案或上下匝道方案,基本要求同前。

当量4层布置方案,横向交叉道路流出端的路径分离,要分离为上层客车专用、下层客货混合,分离路径布置、标志设置要求高,陌生驾驶员容易困惑。

上下匝道布置方案,上匝道为客车专用,其流出路径分离在下层主线一般路段完成。

②上客、下货类。

上客、下货类,一条横向交叉道路,要么上、下层均予连接,要么均不予连接,仅连接其中一层一般不可行。

上下两层均予连接,只能采用当量4层布置方案,基本要求同前;无法采用上下匝道布置方案,因为下层立交仅通行货车。

上客、下货类的路径分离,仅为客车(上层)与货车(下层)分离,与上客、下客货类相比,相对简明一些。

2)复合道路内部连接

在上述复合道路与横向交叉道路的互通立交连接以外,复合道路内部连接主要指服务设施连接及上、下层功能协同连接。

上层高速公路的服务区布置,一种方式是共用下层服务区,需设置上下联系匝道;另一种方式是增设独立的服务区,上层单独连接。具体需要结合项目情况而定。

在上述连接布置的基础上,再结合下层立交间距、上层出入口数量和服务水平、上下层主备关系以及其他功能协同情况,通过适当增加或并减上下联系匝道,做总体性调整。

5.2.3.2 高速公路与城市快速路复合

高速公路与城市快速路复合,一般上层为高速公路,下层为城市快速路;一般连接原则如下,具体连接需结合交叉点情况而定,部分可参考5.2.3.1节论述。

1)横向交叉道路连接

横向道路为高速公路或城市快速路(兼顾城市出入交通),一般仅与上层高速公路连接,特殊情况也可上、下两层均予连接。

横向道路为城市快速路(不兼顾城市出入交通)或城市干道时,一般仅与下层城市快速路连接,特殊情况也可上、下两层均予连接。

横向道路为较低等级道路,与上、下层复合道路均不予连接,或仅部分流向连接。

2)复合道路内部连接

高速公路与城市快速路复合,高速公路主要承担城市过境交通和出入交通,城市快速路主要承担城市区间交通,两者职能分工比较清晰,两者内部连接需求不大。

5.3 地下道路连接

地下道路一般指隧道或其他封闭、半封闭结构道路,地下道路连接主要有两种情况,一种是地下道路之间连接,另一种是地下道路与地面道路之间连接。

《城市地下道路工程设计规范》(CJJ 221—2015),对地下道路连接的硬性约束规定并不多。以下主要结合工程经验,简述常见的连接做法。

5.3.1 地下道路之间连接

地下道路之间连接,可以是主线之间、主线与匝道之间的单个出入口连接,也可以是部分方向或全方向的互通式立交连接。

地下道路之间的分岔连接,由于在地下结构内,视线弱、交通标志辨识难、易于发生交通事故、潜在水淹风险、交通事故处置和逃生条件差、工程造价高,因此,地下道路之间,不宜轻易设置连接;在综合分析附近区域的道路交通疏解状况后,认为确有必要连接,且地上连接条件受限,方可采用地下道路连接。

地下道路之间连接,方案布置要领如下:

(1)地下道路之间连接,可设置全方向互通立交,可设置部分方向互通立交,可设置单出入口连接,亦可不连接。

(2)应对连接之后的运行状况进行评估,连接可能造成拥堵时,不宜设置连接。

(3)地下道路(主线、匝道)之间竖向立体交叉,尽量按分散多点、每点竖向二层布置,不宜采用竖向三层(含)以上的集中一点布置方案。

(4)地下道路竖向立体交叉,上下两洞间隔高度有分离式、小净距式和整体式(交叉点上下两洞先竖向挖通、再整体砌筑),宜采用整体式或分离式。

(5)分岔部的横向布置,一是要控制好横向跨度,保证结构安全,横向跨度一般不宜超过25m;二是分、合流角度尽量大一些,以使楔形隔墙尽量短。

(6)流出、流入匝道均宜采用平行式,以给分、合流车辆提供充裕的流出、流入空间。

(7)适当提高分岔部位的照明亮度;全方位多角度视频采集,一为监控交通运行;二为交通事故提供现场录像,为减少洞内滞留、快速出洞解决创造条件。

(8)匝道出入口一般应设置在主线右侧;条件受限时,入口可设置在主线左侧,左侧合流要有充裕的合流条件。

5.3.2 地下道路与地面道路连接

地下道路与地面道路之间连接,就是地下道路露头敞开路段与地面道路的连接。连接方案主要受地面条件控制,条件紧张时,有主线露头立即环形转弯或立即连接复杂互通立交的实例;条件宽松时,有地下道路主线顺直出露并无干扰直行1公里以外的实例。

地下道路与地面道路连接布置要点如下:

(1)地下道路主线露头与地面道路连接,以快速疏解隧洞内交通、避免其拥堵为首要,不以立即多向连通为首要。

(2)地下道路主线敞开段,尽量采用顺直的平面线形;地面条件受限时,也可采用小半径平曲线,甚至环形曲线。

（3）地下道路主线露头，不宜距离平交口太近或连接到通行能力趋于饱和的道路，以避免流出车辆排队回淤到地下道路封闭路段。

地下道路主线出露点，与前方信号控制平交口停车线距离，不宜小于1.5倍停车视距，条件受限时，不得小于1倍停车视距；距离前方主线流出匝道的减速车道渐变段起点，不应小于1.5倍停车视距。

常见连接方案简述如下：

1）地下道路与地面道路一般连接

（1）地下道路主线露头连接点，新建连接线与既有道路连接。

如图5-5所示，a)为现状三岔T形交叉口。

地下道路主线以第4岔接入，形成十字形交叉口。如图5-5b)、图5-5c)所示，图5-5c)的地面道路也由T形交叉改为十字形交叉。

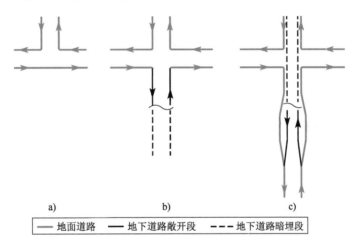

图5-5 地下道路与地面道路连接（一）

如图5-6所示，地下道路主线露头连接点，在地面道路直线路段上新开一个T形交叉口，T形交叉口的中分带是否开口视具体情况而定。

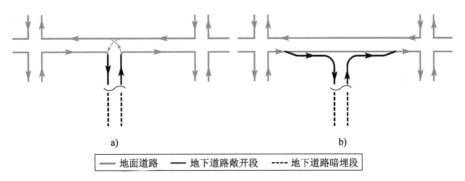

图5-6 地下道路与地面道路连接（二）

215

（2）地下道路主线露头连接点，设置在现有道路上。

设置在现有道路上，有条件时，地下道路主线尽量与地面道路主路对接，为此可对现有地面道路进行局部改移，如图 5-7b）所示。

改移条件不具备时，地下道路主线也可以匝道形式与主路连接。但要保证连接段通行顺畅，如图 5-7c）所示。

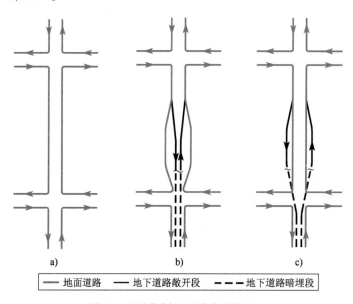

| —— 地面道路 | —— 地下道路敞开段 | ---- 地下道路暗埋段 |

图 5-7　地下道路与地面道路连接（三）

（3）地面道路横向空间紧张时，地下道路左、右幅的露头点可以错位布置。如图 5-8 所示，正常情况下，NR 方向和 RN 方向的出露点布置在 A 点和 B 点。当该出露点横向空间紧张、仅能容下一个点出露时，B 点可以改在 B1 点或 B2 点出露。

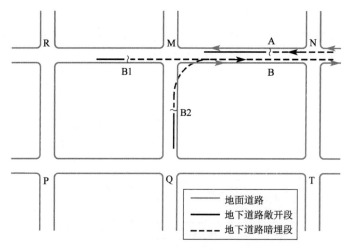

图 5-8　地下道路与地面道路连接（四）

2）出口互通立交

互通立交区，交通拥堵和交通事故往往多发，地下道路主线露头不宜立即连接复杂的互通式立交；但实际工程中，由于路网交通疏解需要，出口立即连接互通立交的情况也不少见。

（1）如图5-9所示，是西东向地下道路出口段与南北向地面道路互通连接的方案布置示例。

图5-9a）为常规AB式部分苜蓿叶形方案，南北方向占用的平面宽度较大；图5-9b）充分利用东西向道路主线的平面空间，在其上设置一条上跨回头匝道，立交布置收缩了南北向宽度；回头匝道交织运行一般不宜设置双车道，并需验算通行能力。

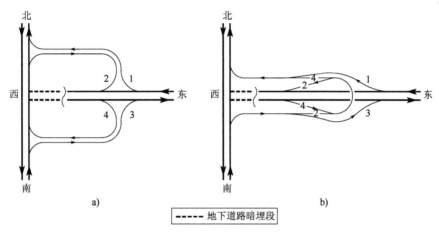

图5-9 地下道路出口立交连接（一）

（2）地下道路主线露头点，与前方主线上的匝道流入、流出点之间要保持一定的距离，流出匝道的距离不宜小于1.5倍停车视距。

如图5-10所示，地下道路进出口处需设置一处三岔立交，如按通常的T形或喇叭形布置，西-南和南-西两条匝道要进入地下道路或距离地下道路露头点过近时，可设置迂回匝道，绕行转向。

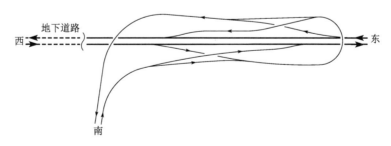

图5-10 地下道路出口立交连接（二）

当转弯交通量小时，主线两侧的立交匝道也可合并设置，如图5-11所示，匝道之间交织运行（图中AB段和CD段）。

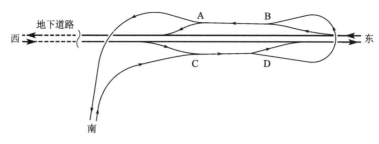

图 5-11 地下道路出口立交连接(三)

（3）有的特殊项目,地下道路出口空间紧张,从路网交通需求考虑,出口路段又需要与被交叉道路迅速连接。这时,出口连接布置需做好细部设计。

如图 5-12 所示(仅以东南象限连接为例),两地面交叉道路横断面均为主路 + 辅路布置,辅路与主路转弯匝道之间立体交叉。

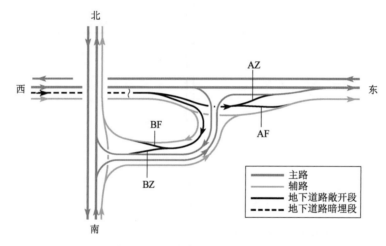

图 5-12 地下道路出口立交连接(四)

西向东地下道路在交叉中心东侧露头,与西东向道路之间,设置 AZ 匝道于地面主路右侧合流,设置 AF 匝道于辅路左侧合流;与南北向道路之间,设置 BZ 匝道与主路转弯匝道合流,设置 BF 匝道与辅路转弯匝道合流。

地下道路露头点附近,为避免流向过多,仅设置 1 条右转弯匝道,并未立即设置与辅路之间的连接,与辅路西东向之间、与辅路转弯匝道之间均延后连接。

3）主线收费站

主线收费站前后路段,会形成滞留排队,故地下道路主线敞开路段不宜设置主线收费站。因投资建设模式等原因必须设置的,首选在两端均设置进口收费站,以避免洞内拥堵;不得已时,也有在一端同一断面上统一设置进口和出口收费站的情况。

参 考 文 献

［1］ 住房和城乡建设部.城市道路工程设计规范:CJJ 37—2012［S］.北京:中国建筑工业出版社,2012.

［2］ 住房和城乡建设部.城市道路交叉口设计规程:CJJ 152—2010［S］.北京:中国建筑工业出版社,2011.

［3］ 住房和城乡建设部.城市道路交叉口规划规范:GB 50647—2011［S］.北京:中国计划出版社,2011.

［4］ 住房和城乡建设部.城市地下道路工程设计规范:CJJ 221—2015［S］.北京:中国建筑工业出版社,2015.

［5］ 住房和城乡建设部.城市道路路线设计规范:CJJ 193—2012［S］.北京:中国建筑工业出版社,2012.

［6］ 中华人民共和国建设部.城市道路交通规划设计规范:GB 50220—95［S］.北京:中国建筑工业出版社,1995.

［7］ 住房和城乡建设部.城市快速路设计规程:CJJ 129—2009［S］.北京:中国建筑工业出版社,2009.

［8］ 北京市城乡规划标准化办公室.城市道路空间规划设计规范:DB 11/1116—2014［S］.北京:北京市城市规划设计研究院,2015.

［9］ 北京市城乡规划标准化办公室.步行和自行车交通环境规划设计标准:DB 11/1761—2020［S］.北京:北京市城市规划设计研究院,2020.

［10］ 交通运输部.城镇化地区公路工程技术标准:JTG 2112—2021［S］.北京:人民交通出版社股份有限公司,2021.

［11］ 交通运输部.公路路线设计规范:JTG D20—2017［S］.北京:人民交通出版社股份有限公司,2017.

［12］ 交通运输部.公路立体交叉设计细则:JTG/T D21—2014［S］.北京:人民交通出版社股份有限公司,2014.

［13］ 杨少伟.道路立体交叉规划与设计［M］.北京:人民交通出版社,2000.

［14］ 陈宽民,严宝杰.道路通行能力分析［M］.北京:人民交通出版社,2003.

［15］ 周晨静,王淑伟.城市道路通行能力分析手册［M］.北京:中国建筑工业出版社,2020.

［16］ 蒋树屏,林志.地下道路立交建造与运营技术［M］.北京:科学出版社,2016.

［17］ 李文权,张云颜,王莉.道路互通立交系统通行能力分析方法［M］.北京:科学出版

社,2009.

[18] 于泉.城市交通信号控制基础[M].北京:冶金工业出版社,2011.

[19] 王伯惠.道路立交工程[M].北京:人民交通出版社,2000.

[20] 李智.论城市立交型式及道路系统的综合效益[J].城市道桥与防洪,1987(3):10-17+51.

[21] 张敬淦.城市立交的规划设计问题[J].北京规划建设,1995(1):3.

[22] 孙有望.关于城市快速道路出入口设置的改进方案探讨[J].交通与运输,1997(1):2.

[23] 朱长春.城市高架快速路出入口规划设计研究[J].科技信息,2012(12):1.

[24] 汪慧君.城市快速路出入口设置密度的统计分析[J].建材与装饰,2017(31):2.

[25] 潘兵宏,许金良,杨少伟.多路互通式立体交叉的形式[J].长安大学学报:自然科学版,2002,22(4):3.

[26] 胡程,邹志云,蒋忠海.大城市中心城区立交设计的思考[J].中外公路,2007,27(4):5.

[27] 朱晖,晏克非.城市枢纽立交选型与空间利用关系研究[J].交通与运输,2008,24(H12):4.

[28] 曾伟,王晓华,练象平,等.城市快速路互通立交选型思路探讨——以长春市快速路系统互通立交为例[J].城市道桥与防洪,2012(11):6.

[29] 王全.城市立交辅道设计中的人性化设计研究[J].工程建设与设计,2020(11):3.